# 老派
# 雞尾酒指南

## THE GUIDE TO CLASSIC COCKTAILS

作者 | 劉奎麟

# 推薦序

聽到書名時，原以爲是本介紹經典調酒的專門書籍，閱讀後發現不僅如此。

奎麟花了三年時間籌備此書，他走訪全台，深入每座城市裡的酒吧，尋覓一杯杯令人感動的經典調酒。我能想像他在微醺的氛圍下，將心中感動化爲文字，用心、細膩地記下酒的美味、酒吧給予人的溫暖，以及每位調酒師的故事。透過他的文字，各縣市的酒吧發展歷程與文化樣貌，將展於你我面前。

經典調酒非但沒有衰落，反倒深受各個世代的人所喜愛，世世代代的調酒師也憑藉自身經歷，在雞尾酒上展露他們獨特的演繹，雞尾酒因此得以展現不同樣貌，且隨時間不斷變化。

被譽爲「Mr. Martini」的日本調酒師今井清先生曾說過，每種雞尾酒都有四種酒譜：標準酒譜、時下流行的酒譜、調酒師自創的酒譜，以及根據顧客喜好誕生的酒譜。調酒師對雞尾酒、對客人以及對自己的理解，讓雞尾酒成爲展現調酒師風格的媒介，也因此，同一杯酒才能有如此豐富的變化，這也成爲了經典調酒的有趣之處。

現代精緻雞尾酒文化在亞洲快速發展，新式調酒手法的運用變得普及，酒飲品質的確因此獲得提升，也創造出各式美味又新穎的酒款。然而，身爲消費者、身爲熱愛雞尾酒之人的我，總感覺與現代雞尾酒有點距離，偶爾還是想回到經典調酒的溫暖懷抱。

我想，這是奎麟想完成這本書的原因，想讓這群和我一樣、喜愛經典調酒的老派客人，能找到我們熟悉的空間與味道。「美味的雞尾酒不只滿足味蕾，更能感動人心。」正是這份單純簡單的信念，讓我們奮力找尋隱藏在各座城市裡、待人發掘的美味經典。

《老派雞尾酒指南》是一位眞正熱愛雞尾酒與酒吧產業之人，才得以寫出的佳作，值得你我深入閱讀、細膩體會。

知名網紅 Cocktail Home

也許我是老派
Bartender，
我倒是喜歡另一個稱呼
酒保。
我喜歡別人稱我是老酒保，
保護保全這個 Bar，
守護照顧這個隔開吧台兩面的人跟酒。

Tonic 用了三年的時間，勤訪了全台灣包括離島的 20 個縣市、155 家酒吧、164 位調酒師，介紹了 171 杯調酒，不但詳細而精簡地介紹每位調酒師，也介紹了每位拿手的雞尾酒。翻閱完整本書，不僅認識了調酒師，也認識了每一杯無論是經典或是充滿創新的個人特調，整本書就是一本詳盡的全台最佳酒吧指引，更重要的是，Tonic 梳理這幾十年甚至百年雞尾酒的經典和變革，是一本雞尾酒史的字典。

謝謝 Tonic 認真做了這本書，為台灣的酒吧、調酒師做下紀錄，這一頁終究不會空白！

永遠相信調酒師終究不會被 AI 人工智慧取代，
因為我們送到客人面前的每一杯酒，
都是人的味道。

願世世代代調酒師都能發光發亮

大家加油加油！

台灣調酒教父　王靈安

《老派雞尾酒指南》是一本我用三年時間，跑遍全台灣及離島三百多家酒吧，所精選紀錄下來的飲酒指南。

多數人在白日辛勤地工作，到了夜晚，城市裡的酒館敞開大門，等待疲倦的人們走入。酒館的存在，讓靈魂得到片刻救贖，也讓人認識一座城市的另一種面貌。不分年齡、性別，這裡提供美味的雞尾酒、動聽的音樂以及舒適的環境。

與飲者萍水相逢的調酒師們，日復一日調製著美味的雞尾酒，然而，沒有太多人知曉這些深夜裡，伸出溫柔枝椏供人歇息的無名英雄。《老派雞尾酒指南》希望紀錄下這些英雄的姓名、背景，以及美味雞尾酒背後的酒譜。

老派，在這裡指的是那些從未被遺忘的經典：雋永的空間與雞尾酒，每每令人流連忘返。構成這一切最重要的因子，就是主持每個場域的調酒師。

這本書中收錄的調酒，九成是經典雞尾酒或其改編。那些淵源悠長的酒款，在不同調酒師手中，呈現出不一樣的樣貌；而同一位調酒師，又必須為了他的顧客，守著不變的比例與風味，反覆調製好同一款雞尾酒。

《老派雞尾酒指南》在這樣的背景下誕生了，跟著這本書，一起去探訪每座城市夜裡的溫柔面孔吧！

# 目錄

台北

作爲首善之都，台北的飲酒文化發展可說是非常全面，不論是條通、安和路與信義區，或者是以師大與台大爲圓心，所發展出的學生咖啡廳與酒吧聚落，都展現出這座城市夜生活的活力與多樣化。

在近代的調酒文化上，早期從 T.G.I. Fridays 開始，卽培育出許多具有扎實基礎的一線調酒師，接著由 Barcode 引進 Milk Honey London 的 Pete Kendall 教學與客座，到 Ounce Taipei 將當代美式雞尾酒文化帶入台灣，再到 East End 與國際大師上野秀嗣合作，將更細膩的當代日式雞尾酒引進台灣，這些進程，奠定了台灣現代精緻雞尾酒的多元面貌。

近幾年雞尾酒文化迎來高峰，也伴隨著一些隱憂，網路社群主導了消費文化，使得消費者移往娛樂性質高，但雞尾酒本質仍待改善的店家，致使專注在雞尾酒精緻品味上的中生代調酒師不論是在薪資待遇，或者創業上都不容易。

然而不論是店家數量或是營業樣態，台北仍然是所有城市中最多的，如何再造高峰，或從這座城市當中脫穎而出，成爲調酒師與店家需要去面對的問題。

動物園保母的花生培根飲

**劉哲瑞 Ray**

1992. 04. 07

調酒年資
11

**Benton's Old Fashioned**

60mL Fat-washed & milk-
washed bourbon whiskey
7.5mL Maple syrup
4 dashes Angostura Bitters
Garnish: Bacon digestive biscuit
Glass: Rock
Method: Stir

**Fat-washed & milk-
washed bourbon whiskey**

700mL Jim Beam
30g 培根油
30g 福源花生醬
30mL 百香果果泥
50g 無糖優格
Method: 培根乾煎處理，油脂逼
出後，整片乾煎培根即作為裝飾
物。將 Jim Beam、培根油、花生
醬、百香果、優格（優格最後加）
放入雪克杯，以 blender 攪拌均
勻後，放入冰箱靜置一晚，隔天
澄清濾出。

2007 年，紐約的秘密酒吧 Please Don't Tell 的調酒師 Don Lee，試著探索食物風味與酒的結合，最終用油洗的方式，創造出這杯當代經典，也激起調酒師們競相嘗試用新手法來創造雞尾酒的風味。

Ray 的 Benton's Old Fashioned 除了原本的培根油脂之外，還增添了新竹福源花生醬與百香果，同時使用奶洗與油洗兩種手法，帶出豐富的層次。

店名 Zoo KeepeR 是 Ray 認為消費者形形色色，就像動物園一樣，有各種不同的面向，當消費者走進酒吧時，不論像是什麼樣性格的動物，都需要被好好照看。另一個有趣的巧思是酒櫃上日式格柵的錯視設計，從不同角度看，分別可以看到兔子、貓頭鷹與獅子，呼應動物園的主題概念。

地下風味實驗室

**劉欣蓓 Pei**

1989. 05. 31

調酒年資
9

## Soufflez

50mL Black oolong gin
20mL Lemon juice
10mL Syrup
15mL Egg white
30mL Soda
Garnish: Fresh sage
Glass: Highball
Method: Shake

## Black oolong gin

30g Black oolong tea
600mL Gin
Method: Sous vide 60°C for 1
hour.

與 Cog &J 同一個出入口，位在地下室的 unDer 爲 Pei 所創造的風味實驗空間，原本是一個在台北各地開啟的實驗性雞尾酒計畫，最終落地生根，在延吉街的巷內開啟了新的篇章。

Pei 用甜點舒芙蕾的法文 Soufflez，代表 Silver Fizz 的雞尾酒意象，在氣泡中，帶點蛋白所創造出來的綿密口感，搭配六種不同茶款進行調製。我這天飲用的是紅烏龍茶版本，具有深沉的炭焙發酵感，上面以鼠尾草裝飾，喝起來清爽宜人，卻有著複雜的層次，讓人十分期待這個位在地下室的雞尾酒實驗室，未來還會帶來什麼樣的風味可能。

雞尾酒杯裡的玻里尼西亞

**余振中 Cody**

1980. 10. 27

調酒年資
21

**Queen's Park Swizzle**

60mL Abuelo 7y
15mL Demerara syrup
20mL Fresh lime juice
5~10mL Angostura Bitters
Glass: Collins
Method: Swizzle

在台灣，如果想喝上一杯正統 Tiki 風格的雞尾酒，就非找 Trio 安和的 Cody 不可，他在此工作了 13 年，以新鮮果汁與優質烈酒，復刻出各式美味的經典 Tiki 雞尾酒，也有帶個人風格的經典改編。

Queen's Park Swizzle 起源於 19 世紀，酒名源自 1920 年代千里達群島上的同名酒店，Cody 的版本口感上帶有一點鹹酸的鮮甜感，十分清涼消暑，液面上的苦精提供了很棒的香氣，是一款可以慢慢喝，感受風味隨時間逐漸變化的雞尾酒。

*Tiki 調酒源自對太平洋玻里尼西亞文化的想像。

王靈安 William

1957. 12. 01

調酒年資
41

**Old Fashioned**

30mL Whisky
1 Lemon wedge
1 Orange wedge
2 Cherries
2 tsp Sugar
Some drops bitters
Glass: Rock
Method: Muddle & Stir

王靈安老師可以說是台灣近代雞尾酒的先驅與教父，尤其是剛開設 Trio 三重奏安和店時，與現在 Fourplay 的 Allen 一同創作了許多美味的當代特調，奠定十多年前業內創意雞尾酒的基礎。

而他上世紀末所寫的酒吧記趣《一瓶都別留》，更是點穿了當代都會小酒館各種看似荒謬、卻又真實的體驗。卽使二十年過去，裡面小酒館裡發生的趣事，在這個時代仍然適用。

王老師的 Old Fashioned 保留了最傳統的樣貌：糖漬櫻桃與柳橙片。Old Fashioned 那原本厚實的酒精感，會隨著時間的流逝，在風味上產生細膩的變化，變得更加溫和。柳橙與櫻桃看似有點老派的古早做法，卻又在這個精緻雞尾酒的年代，顯得新穎。

温柔少女的老派情懷

許芸禎 布丁

1998. 02. 11

調酒年資
2

John Collins

60mL Scotch whisky
25mL Lemon juice
15mL Simple syrup
Soda on top
Garnish: Lemon peel
Glass: Collins
Method: Shake

作爲新進的調酒師，布丁很快地在 World Class 的舞台上初露鋒芒，穩健台風與極具創意的風味組合，一路前進到最終決賽。在亮麗的外表下，布丁也是一位十分積極進取的調酒師，比完 World Class 之後，決定從台南到台北學習不同面貌的雞尾酒，也前往日本關西，學習本格派的日式調酒。

John Collins 是布丁調酒師的職涯裡，第一杯被客人稱讚好喝的雞尾酒，所以懷抱著感激與謙遜的心態，反覆摸索著當初的比例，進行調整，因此布丁對於這款雞尾酒非常有自信，是一款具有溫柔滋味的 John Collins。

* 布丁現已離職，目前於新加坡的 Last Word 擔任調酒師。

緩解宿醉的酒精良方

張哲瑋 Mars

1994. 04. 24

調酒年資
10

**Morning Glory Fizz**

50mL Johnnie Walker Black Label
5mL Lagavulin 16yo
20mL Simple syrup
15mL Lemon juice
5mL Absinthe Bourgeois Les Fils D'Emile Pernot
20mL 9:1 Egg white water
30mL Soda
1 Spray Absinthe
Glass: Collins
Method: Dry shake & Shake

有一種說法，若喝酒隔天宿醉，再來一點烈酒可以緩解不舒服的狀態。Morning Glory Fizz 出現在 O.H. Byron 於 1884 年撰寫的《Modern Bartender's Guide》中，是設計給喝醉後緩解宿醉的一款酒，也是早期以蘇格蘭威士忌爲基底的雞尾酒中，非常經典的一杯。

Mars 所調製的 Morning Glory Fizz 混用了 Johnnie Walker 黑牌與 Lagavulin，使得整體具有十分鮮明的煙燻調性。有趣的是，雖然沒有加牛奶，卻在綿密的口感中，帶有一股濃郁奶香，艾碧斯的草本調性則恰好平衡了風味。

雖然是緩解宿醉的良方，不過酒精含量高，日常飲用還是要注意一下酒精攝取量，不然原本是爲了解除宿醉，反而又開始新的酒醉之旅。

翱翔天際的日本味

**岳佳毅 Barnett**

1991. 05. 25

調酒年資
12

**Takumi's Aviation
(Kikka Gin Version)**

35mL Kikka Gin 59%
30mL Giffard Maraschino
5mL Marie Brizard Parfait Amour
20mL Fresh lemon juice
Garnish: Lemon peel
Glass: Martini
Method: Shake

你非常難拒絕 To Infinity & Beyond 的經典雞尾酒，由兩位 World Class 冠軍把關，對我來說，到這裡最煩惱的就是當晚要喝什麼，畢竟杯杯都是水準之作。

Takumi's Aviation 絕對是選項之一，作爲關西調酒大師渡邉匠最出名的創作，獨特帶有花香與乳酸感的雞尾酒，透光的淡紫色讓 Aviation 問世逾百年之後，有了新的面貌。

不論是在經典調酒或當代經典之中，鮮少能有一杯冠上調酒師名字流傳的雞尾酒，而 Takumi's Aviation 不僅是其中的少數，也是極爲美味的選項之一，很難想像加了這麼多利口酒，卻又如此柔順平和。

作爲 Kikka Gin 的品牌大使，Barnett 使用其改編 Takumi's Aviation，完美的搖盪，賦予雞尾酒柔順飽滿的口感，那帶有乳酸感與輕盈花香的調性，女生也能輕鬆享用，是一杯饒富趣味的當代經典。

充滿甜蜜感的蜜月旅行

岳佳毅 Barnett

1991. 05. 25

調酒年資
12

**Honeymoon**

40mL Laird's Straight
Applejack 86
20mL Pierre Ferrand Dry
Curaçao
20mL Bénédictine
15mL Fresh lemon juice
Garnish: Lemon peel
Glass: Martini
Method: Shake

Honeymoon 是一款沒有使用蜂蜜，卻帶有蜜香感的雞尾酒，跟 Aviation 一樣出自 Hugo Ensslin 的《Recipes For Mixed Drinks》書中，不過當代流行的比例與書中記載的已經有不小的差異。

Barnett 說，相較法國蘋果白蘭地 Calvados 多使用 Limousine 橡木，美國的蘋果白蘭地 Applejack 則使用波本橡木桶，帶來更多像是紅蘋果、太妃糖等風味，更貼近 Honeymoon 蜜月的意境。

時光迴廊裡的英倫酒吧

吳書維 William

1995. 12. 14

調酒年資
9

Avenue

30mL Bourbon whiskey
20mL Calvados
15mL Clarified passion fruit
juice
15mL Homemade grenadine
Garnish: Orange peel
Glass: Martini
Method: Rolling

Homemade grenadine

將 Grenadine Purée 與糖以重量
1:1 混合。

The Public House 是一間具有復古英倫風格的
雞尾酒吧，以深色調的木質調加上 Tiffany 琉璃
吊燈，營造出上世紀七零年代流行的歐美酒吧風
格。熱情團結的酒吧團隊，加上充滿堅持的雞尾
酒與餐點，使得開幕不久的 The Public House
便成爲了台北市的夜生活熱點。

酒單上的 Avenue 是一杯架構很有趣的雞尾酒，
出自 1937 年的《Café Royal Cocktail Book》一
書，由 W.G. Crompton 所設計，在當時的酒譜
裡，是極少數不以柑橘作爲酸度來源的酸甜調酒。
書維的 Avenue 遵循原始架構，使用自製紅石榴
糖與酸度夠的澄清百香果汁，並改以 Rolling 方
式，保留風味上更多細節。

**陳彥誠 Chen**

1996. 10. 05

調酒年資
10

**Trinidad Sour**

22.5mL Angostura Bitters
22.5mL Angostura Amaro
15mL Michter's Rye Whiskey
30mL Orgeat syrup
22.5mL Fresh lemon juice
Garnish: Flamed lemon zest
twist
Glass: Coupe
Method: Shake

Trinidad Sour 是調酒師 Giuseppe Gonzalez 在 2009 年所創作。因爲使用大量的苦精作爲基底，所以讓有些人望之卻步，然而苦精裡所蘊含的辛香滋味，其實正是這杯酒最精彩的地方。

後來台灣引進了安格仕出產的草本利口酒，不同於苦精極度濃縮的風味，雖然也可以取代苦精，調製出仿製的 Trinidad Sour，但是只要喝過加了大量苦精的版本，挑剔的味蕾便再也回不去了。

彥誠的 Trinidad Sour 混合了上述兩種酒材，綿密口感中帶有飽滿的辛香料調性，是我喝過最爲美味平衡的版本。當然除了好喝，這杯酒的高成本是讓調酒師頭疼的一個問題，所以也是款讓調酒師心痛的滋味。

冰櫃後的雞尾酒之王

**劉彥孝 阿孝**

1988. 09. 26

調酒年資
9

Martini

60mL Tanqueray No.TEN
10mL Noilly Prat Original Dry
Garnish: Grapefruit peel
Glass: Martini
Method: Stir

The Fridge Bar 如同其名，是一間偽裝成在三明治店後、冰櫃門裡的秘密酒吧。從位在延吉街 Pizza 店後的舊址遷移到現在的空間，不變的是，這裡無時無刻擠滿了喜愛阿孝雞尾酒的消費者。

阿孝說自己的調酒生涯起步於夜店，那時候還沒有好好把一杯酒做好的機會，所以一直到了 Marsalis 工作，他很珍惜剛開始扎實學習雞尾酒的時光，當時，前輩阿凱的 Martini 與阿展的 Manhattan，是他味覺的基準坐標。

The Fridge 的 Martini 以冷凍過的 Tanqueray No.TEN 搭配 Noilly Prat，透過緩慢的長時間攪拌，帶出飽滿的口感與草本香氣，有趣的是，有別於一般 Martini，又隱約帶有洋甘菊與蜂蜜的香氣，佐上帶籽橄欖鮮綠的口感，可以緩解高酒精度造成的味覺疲乏。

名爲調酒師的生活方式

鄭哲宇 Soso

1981.04.06

調酒年資
16

**Bartender**

20mL Gin
15mL Fino Sherry
15mL Dubonnet
15mL Dry Vermouth
2mL Grand Marnier
Garnish: Lemon peel
Glass: Martini
Method: Stir

Soso 有如活生生的琴酒維基百科，如果對於琴酒的風味及故事想要深入了解的，坐上 Sidebar 吧檯是最好的選擇。在 Sidebar 深處，有個隱藏的酒吧空間，以店中店的形式經營，是全台灣體驗琴酒魅力最佳的場域。

1937 年出版的《U.K.B.G. Approved Cocktails》一書中，有一杯名爲 Bartender 的雞尾酒，這天 Soso 選用的是同樣由調酒師所設計的 Fords Gin，透過 Dubonnet 與 Fino 雪莉酒結合，帶出有點堅果、巧克力的香氣，口感像是在 Martinez 與 Martini 間取得一個全新平衡，卻帶有更多風味層次的雞尾酒。

調酒師在吧檯裡端出一杯美味雞尾酒所付出的努力，也許不是所有顧客都能理解，無論如何，就讓手中的雞尾酒說話吧，靜靜地將最好的那杯雞尾酒推向眼前的客人，那就是名爲調酒師的生活方式。

隱藏酒味的亡者復甦

**林沅翰 Jo-San**

1994. 02. 14

調酒年資
5

**Corpse Reviver #2**

50mL London Dry Gin
20mL Triple Sec
15mL Lillet Blanc
15mL Fresh lime juice
5mL Absinthe (Rinse)
Glass: Martini
Method: Shake

OriginBAR 源位在南京三民商圈，主打以茶入酒，在這一帶累積了許多忠實的客群。老闆 Duncan 希望給消費者一個輕鬆愉悅的飲酒空間，於是自開店時，就一直保有一台免費的標機，整體消費氛圍也是偏向休閒，適合團體客群前來。

主調酒師 Jo-San 的調酒生涯就是起源於 OriginBAR 源，因為其身高達到 193 而取了一個相似諧音的暱稱，在吧檯產業可以說是鶴立雞群。Jo-San 的 Corpse Reviver #2 使用西班牙的 Gin MG，搭配 Carton 的 Triple Sec，在帶有甜度的複雜風味中隱藏著高酒精度。

酒吧的永續環保指南

關漢山 Sam

1982. 12. 07

調酒年資
19

### Boulevardier

45mL Jim Beam Black Extra
Aged Bourbon Whiskey
20mL Mancino Vermouth
Chinato Ambrato
10mL Dolin Vermouth Rouge
15mL Campari
15mL Select Aperitivo
Garnish: Lemon peel
Glass: Rock
Method: Stir

擁有海洋環境工程專業背景的 Sam，持續關注環保議題，並希望能將此落實在自己所在的雞尾酒產業。Sam 經歷對岸八年的開店經驗、環遊世界飲酒與客座，最終選擇落葉歸根，回到台灣，並邀請傳奇調酒師 Luca Cinalli 合作開設台灣第一間，以永續環保爲主題概念的雞尾酒吧 Reply Taipei。

除了連結環保議題的消費細節與雞尾酒設定，經典調酒一直都是 Sam 的強項。考量到台灣人的飲酒習慣，Sam 稍微拉高了威士忌的比例，並各混合兩種苦酒與甜香艾酒，增加風味上的層次與複雜度，以充分的融水完整串接所有材料的風味。

Sam 的 Boulevardier 有多美味，店裡的調酒師最知道，當初就是以客人的身份來到 Reply Taipei，喝到 Sam 親手調製的 Boulevardier，爲其美味所吸引，才毅然決定加入這個產業，成爲店裡的調酒師。

美東風格的秘密酒吧

Sarah Akromas

1983. 03. 05

調酒年資
19

### PDT Mezcal Mule

45mL Del Maguey Mezcal VIDA
22.5mL Fresh passion fruit
22.5mL Lime juice
15mL Ginger syrup
15mL Agave syrup
30mL Soda
Garnish: Lemon peel
Glass: Rock
Method: Stir

開業十年的 Ounce Taipei，可以說是紐約雞尾酒在台的代表，不僅完美復刻近代美式秘密酒吧的風格，更將許多具知名度的美東調酒師聘請來台，不用出國就能品嚐到道地的紐約味。

來自紐約的 Sarah 熟稔各種當代經典雞尾酒，在他手中，當代雞尾酒成爲了老派美味的保證。Mezcal Mule 源自美東知名秘密酒吧 Please Don't Tell，那帶辛辣感、飽滿的酒體，是嚐過就無法忘懷的美好滋味。

另一杯值得一嚐的雞尾酒是 Tattletale，使用 Monkey Shoulder 與 Laphroaig 來調製，恰到好處的煙燻風味，絕對是老派酒客尋找的好味道。現在的 Ounce 不若早期剛得到 50 大酒吧時期忙碌擁擠，十分值得前來品味各式當代經典調酒。

**曾鈺翔 Mordie**

1981.03.06

調酒年資
21

Por una Cabeza

45mL Gin
15mL Pisco
15mL Honeywine
Garnish: Teapot bitters rimmed
the glass
Glass: Martini
Method: Stir

Mordie 是極富個人魅力的調酒師，年輕時的我從後院開始，就會來喝 Mordie 的調酒，他時常以小魔術或幽默話語，逗著吧檯的客人哈哈大笑。

到了 Nox 時期，Mordie 的雞尾酒功力更進一步，那具個人魅力、總是保有醇厚酒感的硬派經典，是象徵性的代表。Mordie 所調製的 Por una Cabeza 使用了琴酒、秘魯麝香白蘭地與波蘭蜂蜜酒，那帶有蜜香的濃烈酒體，訴說著無法一言以盡的複雜情感。

Mordie 也是我在製作這本書時，獲得最多讀者推薦的調酒師，可見他在眾多調酒師與顧客中對於老派經典雞尾酒的地位。

*Por una Cabeza 是探戈舞曲，意指「一步之遙」，表示情人之間錯綜複雜難以割捨的情感。

**張勝閎 Shawn**

1993. 04. 09

調酒年資
7

Sidecar

45mL Hennessy V.S.O.P
30mL Cointreau
15mL Lemon juice
Garnish: Orange peel
Glass: Martini
Method: Shake

在條通，隱藏著一家帶有日式風格的酒吧，無酒單提供著各式精緻經典雞尾酒。成為調酒師之前，Shawn 曾是一名職業軍人，也許是從軍的經驗訓練出他嚴謹的吧台工作態度，但並未磨去他幽默熱情的待客之道。

Shawn 搖盪雞尾酒的方式看似陽剛，卻帶著溫柔的細節，這使得搖盪類型的經典調酒經過他手，都帶有酸爽卻飽滿的酒體。Shawn 的 Sidecar 提高橙酒的比例，以增加酒體強度及更鮮明的果香，由於甜度較高，非常適用快速的搖盪方式。

尤其 Sidecar 不是一杯簡單的酒，簡單的材料結構，要怎麼表現出白蘭地的香氣，卻又讓風味完整組合，這是一杯調酒師即使調製了許多年，仍需不斷摸索如何調製一款完美平衡的雞尾酒。

對經典調酒精益求精的背後，Shawn 有一顆善於觀察客人的心，這也是為什麼 Shawn 的調酒總是這麼得人心，在你喝到雞尾酒之前，他已經先用熱情的待客招呼，收買了你的心。

**劉乙璇 Erica**

1998. 10. 24

調酒年資
5

Le Gimlet

45mL Le Gin de Christian Drouin
15mL Lemon juice
10mL Simple syrup
Glass: Martini
Method: Shake

在劇集華燈初上火紅之後，原本林森北路多樣化發展的條通夜生活，似乎重新被貼上酒店與日式卡拉 ok 的標籤。

然而條通所擁有的飲酒文化遠比想像中豐富，韓式燒肉店、日式居酒屋、西班牙餐酒館，甚至在這個區域也有不少以雞尾酒為主打的專業雞尾酒吧，其中我個人最喜歡的就是 No.19，若喜歡經典雞尾酒單純直接的風味，來這裡準沒錯。

Erica 以來自法國的 Le Gin 調製 Gimlet，而經過 Erica 使用現榨萊姆汁，不經雙重過濾保留碎冰所調製的 Gimlet，具有鮮明酸爽的個人特色。Le 在法文中為定冠詞，簡單而獨特的美好風味，把 Erica 的 Gimlet 稱作 Le Gimlet 恰如其名。

*Erica 已離職，目前於網路品牌 Shaking your shaker 擔任調酒顧問。

來自紐奧良的老廣場

黃懷民 Ice

1990. 08. 28

調酒年資
14

Vieux Carré

20mL Old Overholt Straight
Rye Whiskey
20mL Rémy Martin V.S.O.P
10mL Bénédictine
15mL Dolin Vermouth Rouge
2 dashes Peychaud's Bitters
1 dash Angostura Bitters
Garnish: Orange peel
Glass: Rock
Method: Stir

MQ 是具有英倫風格的挑高酒吧，就如同走進倫敦 Soho 區的高級會所，在信義區是蔚為時尚的飲酒空間，同時也提供著精緻的美式雞尾酒。

Vieux Carré 由 Walter Bergeron 於紐奧良的 Hotel Monteleone 所創作，Ice 曾經到訪此地，喝上一杯帶有歷史情懷的 Vieux Carré。因為 Hotel Monteleone 已經成為了雞尾酒迷朝聖必到之處，每天都要出很大量的 Vieux Carré，所以雞尾酒已經是預調好、直接出的狀態，據 Ice 說，這裡的 Vieux Carré 口感上略帶水感，是比較粗獷的美式風格。

在 Ice 手中，Vieux Carré 是非常細膩有層次的一款酒，使用 Sazerac 裸麥威士忌搭配干邑白蘭地，帶出些許胡椒與辛香料感的悠長尾韻。

*Vieux Carré 是法文「老廣場」的意思。

三葉草裡的莓果香

**伍騫念 小伍**

1994.03.17

調酒年資
4

## Clover Club

45mL Hendrick's Gin
20mL Lime juice
15mL Simple syrup
5mL Monin Grenadine
20mL Motown Berry Mixed
30mL Egg white
Garnish: Cherries & Bitters
Glass: Coupe
Method: Shake, then reverse
dry shake

## Motown Berry Mixed

250g Kirkland berry blend
200mL Treetop cranberry juice
60mL Lejay Crème de Cassis
60mL Martini Rosso Vermouth
60mL Martini Dry Vermouth
Method: Blend

小伍對經典雞尾酒的見解，一直被我視爲是教科書般的味道基準，只要我對雞尾酒的風味有疑惑時，小伍總能適時的給予修正。

其中 Clover Club 是最讓我魂牽夢縈的一杯，當我詢問他比例時，發現他在其中做了一點改編的巧思，用莓果調性的材料取代紅石榴糖的顏色來源，其中的橙酒與香艾酒更添滋味，使得原本就廣受女性歡迎的酒款加倍甜美。

雖然 Motown Taipei 不在了，但透過這份酒譜，與小伍精準的 snap shake 所搖製出來的 Clover Club，絕對是老派雞尾酒裡不可或缺的選項。

**黃裕翔 Nick**

1985. 07. 30

調酒年資
13

**New York Sour**

50mL Bourbon whiskey
20mL Homemade redwine
syrup
15mL Lemon juice
Garnish: Cinnamon powder &
Cocoa powder rimmed the
half glass
Glass: Coupe
Method: Shake

**Homemade redwine
syrup**

將各種香料加入紅酒中，以糖
粉熬製成糖漿。

Nick 爲菱玖洋服設計的 New York Sour 做了點改編，將原本漂浮在上的葡萄酒熬製成紅酒糖，讓其與底部的 Whisky Sour 融合得更加完整，口感飽滿，紅酒特有的單寧酸感跟檸檬結合，讓整杯酒有著悠長的複雜尾韻。

隨著菱玖生意上的成功，Nick 重新思考自己眞正想要一家什麼樣的店，他告訴自己莫忘成爲調酒師的初衷，希望能直接地跟喜歡他的客人有更多對話。也正是因爲這樣，所以在他新開設的酒吧 MORE，圓弧形的吧檯設計，僅有吧檯座位，能跟每一位客人都保持一樣的距離，隨時照護好每個人的需求，而他也把美味的 New York Sour 復刻至 MORE。

體貼的奶爸調酒師

**周忠凱 Kyle**

1983. 01. 05

調酒年資
21

Mojito

50mL Havana Club 5y
10mL Zacapa 23
45g Lime wedges
20g Caster sugar
15 Mint leaves
Garnish: Mint leaves & Iced
bowl
Glass: Highball
Method: Muddle & Build

Kyle 是調酒功力深厚的調酒師，經歷長時間的工作歷練後，終於開設屬於自己的酒吧 LIFT，作為餐酒館，不僅雞尾酒，食物也非常美味。許多人走近 LIFT 的時候，都會誤以為正面的電梯是大門，而這有趣的巧思就藏在這裡，進入 LIFT 是需要花點心思的。

扎實功底的 Mojito 沒有什麼好偷懶的，就是大量薄荷葉、碎冰與酸甜的平衡，創造出冰涼的夏日體驗。在 LIFT，Mojito 使用 Havana Club 5 年蘭姆酒，帶來比一般白蘭姆酒更加豐富的層次，問 Kyle 好喝的秘訣是什麼，他會笑笑地回你：「樸實無華，從材料的選用到調製過程，就是好好把每一個環節做到好。」不論是純喝或搭餐，都是一杯消暑滿分的雞尾酒。

**牧田貴文**
Makita Takafumi

1992. 01. 30

調酒年資
15

Cuba Libra

45mL Rum
1 piece Clove
1g Cinnamon
0.3g Nutmeg
15mL Vanilla syrup
90mL Distilled cardamom
water
CO2
Lime peel essential oil
Glass: Collins
Method: Inject Co2

Lab可能是整本書裡，最不老派的現代雞尾酒吧，之所以收錄，是因爲調酒師兼負責人牧田貴文是日本人，以自己專業的技術概念，創造了一系列有趣的經典雞尾酒改編。

牧田不像刻板印象中的傳統日本調酒師，調製著經典洗練的日式雞尾酒，他認爲透過科技，可以探索雞尾酒世界的更多可能，也可以早別人一步，去探索下一個階段的未來可能性。

牧田的 Cuba Libra 並不困難，透過簡單材料的組合，復刻出可樂口感，並帶有清爽的柑橘調性。最後在杯口抹上親自萃取的柑橘香氛，讓沒有眞正可樂的透明 Cuba Libra，呈現充滿科技感的現代演譯版本。

**林柏均 James**

1991. 11. 22

調酒年資
9

### King Car

45mL Kavalan Solist Brandy
Single Cask Strength
15mL Pierre Ferrand Dry
Curaçao
5mL Grand Marnier
20mL Lemon juice
5mL Honey syrup
Garnish: Lemon peel
Glass: Martini
Method: Shake with 5*5 cube
ice.

### Honey syrup

將蜂蜜與水以 3:1 的比例混合均
勻後即完成。

Kavalan Whisky Bar 是台灣之光噶瑪蘭威士忌直營的酒吧，隱藏在伯克金燒肉店之內，進入酒吧，會先經過一排噶瑪蘭威士忌橡木桶，而這些橡木桶，是真實能點單的單一麥芽威士忌，可以在桶邊直接汲取美味的威士忌品飲。

在雞尾酒的部分，James 以噶瑪蘭威士忌為基底，在經典雞尾酒的架構下，翻玩出一系列風格扎實的創意雞尾酒。透過不同桶陳的風味威士忌，讓不習慣純飲威士忌的客人，一樣可以透過雞尾酒，認識噶瑪蘭威士忌之美。

James 的 King Car 是以 Sidecar 做為改編，用白蘭地桶陳年的噶瑪蘭威士忌原酒取代干邑，搭配蜂蜜與兩種不同的橙酒，襯托出其中柑橘巧克力的調性，透過大冰的巧妙搖盪，凸顯出高酒精度原酒的強烈香氣，呈現充滿王者氣息的改編版Sidecar。

重新詮釋的溫柔滋味

**陳哲逸 MT**

1991. 06. 05

調酒年資
14

Hanky Panky

55mL Bombay Sapphire
15mL Antica Formula
8mL Luxardo Fernet
Glass: Martini
Method: Stir

Hanky Panky 是歷史上少數由女調酒師設計的經典雞尾酒，Ada Coleman 爲演員 Charles Hawtrey 所卽興調製，由 Fernet Branca 帶出深邃的多層次美味，一旦喝過可口的 Hanky Panky，就會被其中迷人的草本調性所深深吸引。

MT 使用冷凍的 Bombay 琴酒來調製，並且降低香艾酒的比例，選用帶香草、甜度高的 Antica Formula 作組合。比較有趣的地方是，MT 使用 Luxardo Fernet 取代 Fernet Branca，因爲 Luxardo 的草本調性較強、甜度較低，使得整體尾韻悠長，帶點辛辣的感受。

輕盈氣泡裡的爵士樂

**陳煉展 JeRémy**

1982. 11. 22

調酒年資
20

**Gin Rickey**

45mL Gin
15mL Lime juice
100mL Soda
Garnish: Lime wedge
Glass: Collins
Method: Build

古典溫暖的燈光，照亮著吧台座位，空間裡迴盪著悠揚的黑膠樂聲，Kashoku 就如同老派雞尾酒迷的應許之地，舒服的座位間距，簡單而精緻的經典雞尾酒，直球對決饕客的味蕾。但在品嘗美味之前，首先，你要找到進入 Kashoku 的方法。

Gin Rickey 十分適合作為在 Kashoku 的第一杯，讓清爽的口感作為夜晚的開端。因為阿展榨萊姆汁的巧妙手法，使得沒帶糖的 Gin Rickey 竟意外地帶點甜感及絲滑的感受；在碳酸水的選擇上，則選用了日本進口、帶有強勁且持久氣泡感的版本。若要感受阿展其他經典美味，建議第二杯可以考慮來杯 Sidecar，搖盪後液面的綿密泡沫看著非常療癒。

銀座裡的琴酒香

**伊藤晃一**
Ito Koichi

1988.04.16

調酒年資
11

**Gin Lime 47**

60mL Monkey 47
15mL Lime juice
1 teaspoon Syrup
Glass: Martini
Method: Shake

K.K. 是老闆日文名字的縮寫，是由一對曾在銀座開設高級餐廳、返台創業的母子檔所開設的餐酒館，在去年疫情最嚴重的時候所開，很幸運的是它撐到了曙光到來，不然條通就少了相當的美味。

也許是 K.K. 在日本出生長大的關係，雖然在日本不是正統的全職調酒師，但他的雞尾酒與待客之道，仍然有著日式細膩的影子。K.K. 的 Gimlet 選擇 Monkey 47 作爲基底，豐富的柑橘、木質與辛香料調性，在酸爽的口感中完全綻放開來。

除了雞尾酒外，還有 K.K. 手工打製的美味漢堡排與芝麻葉生火腿披薩，搭配上爽口的日本生啤，在條通，不管是飲酒還是用餐，這裡都是非常好的選擇。

對於自由天空的嚮往

**楊耀鈞 Stanly**

1982. 12. 11

調酒年資
18

Aviation

45mL Gin
20mL Luxardo Maraschino
5mL The Bitter Truth Violet
15mL Fresh lemon juice
Garnish: Lemon peel
Glass: Martini
Method: Shake

Stanly 是對風味掌握度非常高的調酒師，除了各式創意調酒，他對經典調酒也下足了苦工，詮釋起來有自己的獨特風格。其中像是 Aviation、Hemingway Daiquiri 都是值得一試的酒款。

曾遇過調酒師降低 Luxardo Maraschino 的用量，改以糖取代。不過 Stanly 的版本是以 Maraschino 作爲全部甜度的來源，除了櫻桃調性之外，還帶有飽滿的辛香料調性，像是胡椒與堅果，並且帶有紫羅蘭帶來的花香尾韻。

加入紫羅蘭的 Aviation 就如同天空的顏色。創作這款雞尾酒的時空背景，正好是萊特兄弟將飛機送上天空後不久，當時，人們對未來科技的期待，以及天空的嚮往，讓這款酒以飛行爲名，並且以其美味流傳至今。

風暴裡的寧靜據所

**李承哲 Tony**

1996. 06. 08

調酒年資
5

### Dark 'N' Stormy

45mL Black Tears Cuban
Spiced Rum
15mL Spiced ginger syrup
15mL Lime juice
2 dashes Angostura Bitters
60mL Thomas Henry Spicy
Ginger
Garnish: Lime slice & Fresh
mint leaves
Glass: Collins
Method: Shake

### Spiced ginger syrup

將 300 克薑片、4 條乾辣椒、
28 顆丁香、13 克肉桂棒、0.1
克肉荳蔻在鍋中混合，撒上
300 克黑糖室溫醃漬 12 小時。
醃漬完成後加入 180 毫升水、
100 毫升純薑汁以 160 度煮至
沸騰後轉 80 度燉 10 分鐘。完
成後在室溫下靜置 12 小時。
去除固體過濾後裝瓶和冷藏。

座落在中山北路的豪宅一樓，有這麼一家對外開放的專業雪茄會所，這裡分成兩個空間，外部是挑高對外開放、禁菸的酒吧環境，而裡面，則有可以抽雪茄的專業空間。即便不抽雪茄，這裡的環境仍然很適合中山區的上班族放下工作後來喝上一杯。

原始版本的 Dark 'N' Stormy，需要使用百慕達 Goslings Black Seal 蘭姆酒，搭配碎冰，呈現熱帶國家消暑應有的暢涼感受，也是百慕達的國酒。Tony 改用 Black Tears 調製 Dark 'N' Stormy，搭配 Thomas Henry 薑汁啤酒與俐落的大冰，相較原版，帶有更多可可、肉桂與黑胡椒的調性。

*Tony 現已離職。

在城市邊界，找到極深夜的容身之處

林彥廷 Kuma

1991. 04. 26

調酒年資
3

Cassis Milk

40mL Lejay Crème de Cassis
Milk on top
Glass: Collins
Method: Stir

有多久沒有能出國了？ Forest Side 從老闆到員工，幾乎都是日本人。在日本，常見各種以黑醋栗為基底的酒精調飲，從燒烤店、居酒屋到酒吧，都能點得到，最常見的莫過於加無糖烏龍茶及柳橙汁的版本。

一次聚會中，我的同行友人在 Forest Side 點了 Cassis Milk，調酒師使用保久乳調製，口感濃郁，雖然僅僅是簡單的一加一雞尾酒，在不能出國的時光裡，充滿濃濃的日本味。

Forest Side 的酒品意外地便宜，看似以 Dive bar 的方式經營，但在冰塊與杯具的堅持上，卻勝過許多以專業雞尾酒吧自稱的店家，尤其開到早上七點的營業時間，是都會不眠人夜晚藏身的好所在。

*Dive bar 一般被認為是較為廉價、追求酒精的飲酒場所。

**鄭亦倫 Allen**

1982.07.25

調酒年資
23

**Ice Boat**

20mL 38° 高粱
30mL Absinthe
45mL Vanilla liqueur
45mL Lemon juice
15mL Honey
1 wedge Orange
1 wedge Lemon
Garnish: Rosemary
Glass: Rock
Method: Moddle & Shake

這是一杯流傳超過十年的調酒，當初由王靈安老師與 Allen 一起創作設計，隨著後來 Allen 與朋友一起開設 Fourplay，這款調酒也就被帶往了新的處所，並持續飄香酒吧。

這款酒經典的地方在於使用了兩款高酒精度烈酒，高粱與艾碧斯，卻仍保有十分柔順的口感，可以說是今日創意變成明日經典的台灣代表。

提到高酒精度雞尾酒，就不能不提 Allen 自創的毒品系列調酒 shots，以各種高酒精度烈酒調製而成，其中最為出名的就是古柯鹼，北到淡水、南至屏東，我都曾見過店家調製，已經成為了台灣酒吧界的傳奇。

液體酒香提拉米蘇

鄭亦倫 Allen

1982. 07. 25

調酒年資
23

### Tiramisu

45mL White cacao liqueur
45mL Baileys Irish Cream
45mL Kahlúa
60mL Cream
30mL Espresso
30mL Simple syrup
10mL Orange juice
5mL Lemon juice
Garnish: Chocolate ball,
Coconut powder, Charred
mashmallow, Fresh raspberry,
Lemon leaves, Cacao powder
& Cookie
Glass: Coupe
Method: 將 Kahlúa 以外的材料
放入果汁機中，放入冰塊至 6 分
滿，打成冰沙狀。將冰沙倒入裝
有 Kahlúa 的雞尾酒杯中，灑滿
可可粉及擺上裝飾物即完成。

認識 Allen 已經是 15 年前，他還在金山南路的 Old 98 工作的事。當時，台灣業界在調酒材料的使用層面上相較現在保守，Allen 卻已經開始大膽啟用了創意食材作爲材料，像是現煮牛肉湯，或者是他使用 Mascapone 乳酪創作的原版 Tiramisu。

Allen 的 Tiramisu 眞的太經典了，可說是台灣近代甜點雞尾酒的始祖，那陣子，台北的業界競相追逐調製 Tiramisu，形成了一股有趣的調酒浪潮。

不過現在 Fourplay 版本的 Tiramisu 裡已經沒有使用 Mascapone 乳酪，據 Allen 表示，因爲使用 Mascapone 會使得酒在飲用過程中分層，影響品飲的視覺體驗，經過改良，卽使不使用 Mascapone 也是一杯美味的液體提拉米蘇。

# 台味長島冰茶二代

**吳韋德 韋德**

1985.08.25

調酒年資
19

### Long Island Iced Tea II

15mL Vodka
15mL Tequila
15mL Bourbon whiskey
15mL Cointreau
15mL Sweet vermouth
15mL Kahlúa
15mL Lemon juice
15mL Simple syrup
Salt rimmed the glass
Garnish: Lime slice
Glass: Rock
Method: Shake

擅長茶調酒與各式 Ramos Gin Fizz 改編的韋德，除了對雞尾酒的風味掌握度極佳，由於自身的工作歷練，對 2000 至 2010 年代的台灣雞尾酒脈絡也有所了解。雖然現在每個酒吧都有各自以長島冰茶為改編的版本，但原始版本的長島冰茶二代可以說是早期跑吧酒客共同的回憶。

最早開發出長島冰茶二代的是神話的調酒師，他提出一個問題，覺得為什麼台灣調酒師只能做外國人的酒譜，所以創作出具有酸梅汁感受的長島冰茶改版。

而韋德學到的長島冰茶二代，則是透過異塵學到的，跟添加 Dry vermouth 的原版有所差異，酒中改用的是 Sweet vermouth，但因為韋德更喜歡習得的版本，而將其保留至 Bar Weekend 的酒單上。韋德也推薦，如果想喝原版的長島二代，可以至 BANKER Martini Bar 找曾在神話工作過的巨人哥。

尋找美味新配方

尋找美味新配方

尋找美味新配方

尋找美味新配方

**吳韋德 韋德**

1985. 08. 25

調酒年資
19

### The Search For Delicious

45mL Cynar
30mL Punt e Mes
8mL Lemon juice
6 dashes Regan's Orange Bitters
Salt rimmed the glass
5 swaths of Lemon peel
Garnish: Lemon peel
Glass: Rock
Method: Stir

The Search For Delicious 是由 Kirk Estopinal 創作的當代經典雞尾酒,以較為輕鬆的苦味酒取代傳統烈酒作為基底,加入少許的鹽與酸度,適當攪拌後,噴灑上大量的黃檸檬皮油,多樣化的材料搭配,使得高比例苦酒呈現出的不只是單純的苦味,而是相當複雜、具有高度香氣的風味層次,是相當有趣的雞尾酒架構。

韋德的小巧思是將原版加入酒裡的鹽做成雪花般的鹽口,讓消費者可以自己搭配鹽口與酒液入口,尋找最完美的平衡比例。當你拿著杯子啜飲,邊轉著杯子,邊經由鹽口處品飲,是不是像在尋找美好滋味的過程?

Bar Weekend

辣椒巧克力鏽釘子

黃俊儒 Jack

1983. 07. 14

調酒年資
19

Boys' Toys

50mL Bushmills 12yo infused
with honey flavored black tea
15mL Vecchio Amaro Del
Capo-Red hot edition
10mL Cynar 70 Proof
15mL Drambuie
4 dashes Black walnut bitters
Garnish: Chocolate
Glass: Rock
Method: Stir

Bushmills 12yo infused
with honey flavored black
tea

威士忌加熱至 51 度後，加入 25 克
茶葉靜置 15 分鐘，再放入冷凍靜
置 9 小時，取出後過濾即完成。

Cog &J 是台北新興的雞尾酒吧，Cog 是齒輪的
意思，J 則是傑克的縮寫。傑克認爲每個人都是
社會裡的小齒輪，當來到 Cog &J，就可以放下疲
倦好好放鬆。這裡由傑克與幾位友人共同創立，
是每一季都會更換酒單的雞尾酒吧。

Boys' Toys 像 Rusty Nail 更多層次的改編，增
添了高酒精度版本的 Cynar 與辣椒味 Amaro，
並且放上代表店裡象徵齒輪與鏽釘子概念的螺絲
狀巧克力，當啜飲 Boys' Toys 時，因爲嗅覺會先
聞到螺絲形狀的巧克力裝飾，所以除了原本深邃
的酒體層次外，味覺也會被欺騙，誤以爲酒中也
增添有濃郁的可可香。

因堅持而翱翔的紙飛機

簡育偉 Allen

1983. 01. 31

調酒年資
20

Paper Plane

22mL Rebel Yell Bourbon
22mL Amaro Nonino
22mL Lemon Juice
22mL Aperol
2 drops Angostura Orange
Bitters
1 drop Angostura Bitters
Garnish: Lemon peel
Glass: Nick & Nora
Method: Shake

Bitter Burro 位在北車後火車站，是這個區域少見的專業雞尾酒吧，以苦酒為主題開設。其實生活都這麼苦了，酒再怎麼苦也沒多苦。

幾年前，調製 Paper Plane 所需的材料 Amaro Nonino 並不容易取得，僅是為了這杯酒，Allen 一次掃光市場上所有 Amaro Nonino，並且穩定供應著這款雞尾酒。

對喜歡當代經典的人來說，Paper Plane 有非常重要的意義，簡單易飲、改編自 Last Word 的等比例調酒，同時也是出自創作 Penicillin 的調酒師 Sam Ross 之手，Sam Ross 甚至不諱言地說，相較起 Penicillin，Paper Plane 對他來說的意義性更高。

Paper Plane 經過了這幾年，似乎真的飛進更多酒吧，更容易地品嘗到這杯雞尾酒，也有了同名的酒吧賦能 NFT。雖然如此，我還是記憶深刻，當初走進 Bitter Burro，Allen 拿出 Amaro Nonino 時的感動，那是老派雞尾酒之必須：關於細節的堅持與不妥協。

*Paper Plane 酒名來自 M.I.A. 的同名歌曲。

# 恆久不變的海洋風味

**曾亘憶 小旦**

1976. 05. 25

調酒年資
24

### 那年夏天寧靜的海

40mL White rum infused with
butterfly pea
40mL Lychee liqueur
15mL Lemon Juice
2mL Crème de menthe white
15mL Blue Curaçao
100mL Soda
Garnish: Lemon peel
Glass: Cocktail glass
Method: Shake

在 2010 年以前的雞尾酒，時常使用藍柑橘等有色材料進行調色，尤其在長飲型雞尾酒之中。那年夏天寧靜的海就是這麼一杯長飲、帶有海洋顏色的氣泡雞尾酒，盛裝在貝殼形狀的杯具之中。

那年夏天寧靜的海，從 Bistro O 開設就一直在酒單上，已經超過 15 年的時光。隨著師大商圈的起落，Bistro O 始終寧靜地在那裡，雖然中間搬遷過一次，也只是從巷口搬移了幾米，而正如 Bistro 諧音的中文名，避世所，那帶有點歲月感的空間，就是收藏大學青春的時光膠囊。

調酒師小旦表示：「有很多關於海的經典調酒，在表現愉悅歡樂的派對感受。對我而言，海的意義是寧靜。我很常騎著摩托車沿著海邊前進，鑽進向海的小徑，在無人的海邊，發呆好一陣子。看著漸層藍的海，心情特別平靜，想在忙碌下班後感受在海邊的寧靜，才創造了這調酒。」

如果看過北野武的同名電影，大概也會想在海邊衝浪時，來上一杯這樣的復古味雞尾酒。每次在 Bistro O，總覺得耳邊響起久石讓的電影配樂 Silent Love，如海潮般跳躍的音符。

**小谷和生**
Otani Kazuo

1981. 12. 10

調酒年資
21

**Earl Grey Sidecar**

22mL Bisquit V.S.O.P
12mL Grand Marnier
22mL Earl grey tea liqueur
12mL Lemon juice
1 drop Simple syrup
1 drop Lime juice
1 drop Peychaud's Bitters
Glass: Coupe
Method: Shake

**Old Fashioned**

35mL Buffalo Trace
12mL Wild Turkey 101
2 tsp Fernet Verdini
4 dashes Orange bitters
4 dashes Lemon bitters
3 dashes Cherry bitters
1 Cube sugar
Crushed ice
Garnish: 1/2 Lemon slice*2 &
1/2 Lime slice*2
Glass: Rock
Method: Stir

Bar 小谷在台灣的酒吧大環境裡，是非常獨一無二的存在，穿過比一般人來得低矮的入口，僅有八個座位，在完全沒有音樂的空間裡，搭配著雞尾酒的體驗，得以好好感受喧鬧都會生活裡，片刻的真實寧靜。

小谷的 Earl Grey Sidecar 使用 Biscuit 干邑白蘭地，搭配 Grand Marnier 與日本伯爵茶利口酒，明明是茶香、柑橘與酸甜的組合，在飽滿的甜度之中，卻帶出一點牛奶糖的甜美氣息。

如果喜歡一點苦味的，可以試試看小谷的 Old Fashioned，特別的地方是使用少見的 Fernet 品牌取代苦精，並使用傳統日本 Old Fashioned 的做法，使用碎冰與方糖，搭配新鮮的柳橙片與萊姆片。沒有完全融化的砂糖與搗過的柑橘，與附上的短吸管，讓客人能夠自行調整柑橘與甜度。

*Bisquit V.S.O.P 已經停售，小谷正在尋找替代品項當中。

**許惟智 Jason**

1983. 11. 09

調酒年資
13

**Twenty Century**

50mL Bombay Sapphire
25mL BV White Cacao
12.5mL Lillet Blanc
15mL Fresh yellow lemon juice
Garnish: Lemon peel
Glass: Coupe
Method: Shake

Twenty Century 是一杯很有趣的酒。在傳統上，可可風味的酒多與鮮奶油類的材料結合，做成甜點般的口感，但這是一杯酸味與可可風味爭艷的雞尾酒。也許對當時的人們來說，20 世紀初期，經濟與科技的快速進步，使得人們對於未知的未來充滿期待與不確定性，那衝突卻帶有美好滋味的雞尾酒，就成了人們對於 20 世紀的想像。

Jason 的 Twenty Century 使用標準的黃檸檬汁，同時在酸味的拿捏上，呈現出較為酸爽冷冽的風味。因為使用甜度高、略帶稠度的 BV 白可可酒，與酸味取得巧妙的平衡，尾韻帶出細膩悠長的可可香。

* 酒名源自調酒師 C.A. Tuck 為紀念當時美國最熱門的同名長程火車。

**吳盈憲 Nick**

1984. 06. 21

調酒年資
21

**Earl Grey Mar-Tea-Ni**

45mL Gin
15mL Earl grey tea syrup
25mL Fresh lemon juice
Glass: Martini
Method: Shake

**Earl grey tea syrup**

將茶葉與水以 30:1 的比例浸泡
5-7 分鐘，過濾茶湯後，加入
等重的糖，將糖煮至完全溶解
後即完成。

日本傳奇調酒師 Ueno San（上野秀嗣）爲 East End 顧問時，設計了這款雞尾酒 Afternoon Tea Martini，以伯爵茶與琴酒，創作出酸甜宜人的雞尾酒。

隨著 Nick 開設 Bar Mood 餐酒館後，將這杯酒改編成 Earl Grey Mar-Tea-Ni，成爲了 Bar Mood 酒單上的長銷雞尾酒。

Bar Mood 還有一杯 Moody Mary，據 Nick 說，也是經由 Ueno San 的啟發而創作。其中，爲了保持調酒最佳的狀態，牛番茄買回來後必須放置三到四天，直至成熟，才能使用於酒中，所以是一杯要憑藉點運氣才能喝到的雞尾酒。

**吳盈憲 Nick**

1984. 06. 21

調酒年資
21

**Silky Vesper**

45mL Tanqueray No.TEN
15mL Ketel One
7.5mL Lillet Blanc
7.5mL Noilly Prat Ambré
Glass: Martini
Method: Rolling

"Shake, not stir. " James Bond 在皇家夜總會裡帥氣地如此說著。然而喝過世界最速哥 Nick 以 throwing 方式調製的 Vesper 之後，相信我，你會開始懷疑 James Bond 說的是否對。

Vesper 在 Nick 手裡，呈現出一種獨特溫柔的面貌，橫向大幅度地拋擲酒液，賦予合適的融水，並在酒液間注入空氣感，使得 Vesper 的高酒精感在上桌啜飲時消失得無影無蹤。

Nick 會調皮地在客人面前將酒液注入酒吧時，對客人說：「Silky!」，而這杯 Vesper 也真的稱得上是 Silky Vesper，當之無愧。

*Nick 在 2016 年 World Class 世界賽以驚人的速度完成項目挑戰，獲得冠軍，從此國際調酒師間以此稱呼。

賓至如歸的老朋友

**楊淳茹 小草**

1990.08.27

調酒年資
9

Old Pal

50mL Bulleit Rye Bourbon
Whiskey
20mL Carpano Dry Vermouth
25mL Campari
Garnish: Orange peel
Glass: Coupe
Method: Stir

一般人遇見小草的第一印象，大概就是那開懷的爽朗笑容，但除了熱情的待客之道，受到兩位調酒大師 Ueno San 與 Nick 工作上的訓練，使得在調製經典雞尾酒上掌握得十分精準。

調酒職涯從知名夜店開始，這造就了小草快速利索的調酒風格，隨著歷練逐漸成熟，小草開始思考什麼是要做一輩子的工作，所以毅然轉換跑道，轉而擔任雞尾酒吧的調酒師。而這之後，小草也曾前往銀座，在 Bar High Five 接受 Ueno San 的訓練。

小草說在 Bar High Five 學到最多的，並不是專業的雞尾酒技巧，而是日本調酒師永遠可以把每一位客人照顧得無微不至。小草細膩溫柔的 Old Pal，就是他把每一位客人都照顧得如老友一般，是反映出小草細膩風格的經典雞尾酒。

* 小草現已離職，計劃於日後開設新店。

沾染日本味的馬丁尼

黃禾禾

調酒年資
17

Saketini

45mL Japanese Sake
30mL Roku Gin
Garnish: Lemon peel &
Rakkyo（らっきょうの甘酢漬け）
Glass: Martini
Method: Stir

若談論到對經典雞尾酒有深度研究的調酒師，禾禾是我馬上會聯想到的人選之一，坐上 BANKER Martini Bar 吧檯，可以和他討論經典調酒的作法與歷史，有些較為冷門的酒款，像是 Yokohama、Kaikan Gin Fizz 和 East India House，禾禾都下足功夫，反覆調整出最佳風味。

而來到台灣第一家馬丁尼吧，當然得試試各式以馬丁尼為主題的雞尾酒，其中，不流俗的 Saketini 是很好的選擇。使用冷凍 Roku Gin 與冷藏清酒，攪拌出醇厚的口感，清酒與琴酒裡的柑橘調性巧妙融合，給想體驗琴酒與馬丁尼魅力的消費者一個好的開始。

禾禾另一杯特色馬丁尼，據聞調製方法來自 90 年代台北的傳奇酒吧神話，不以攪拌或搖盪的方式呈現，僅以冷凍的琴酒與冷藏的香艾酒注入放有冰塊的容器，靜置後倒出，喝起來口感飽滿圓潤，選用帶籽橄欖裝飾，在口感上也更加鮮脆，是另一款值得品味的特色飲品。

走進歐洲的時光迴廊

廖健廷 Alan

1986.05.01

調酒年資
3

Death in the Afternoon

30mL Absinthe
90mL Champagne
Glass: Flute
Method: Build

從樓梯間午夜巴黎的電影海報開始，逆著走過歐洲老照片的時光迴廊，你便會抵達由 Tiffany 燈所引導的 Antique Bar 1900 入口。1900 指的是 19 世紀末歐洲的美好年代（Belle Epoque），當時的歐洲位於工業革命後的經濟繁榮，文化事物快速地發展，有許多的經典美好便是在這個時期所發生。

Alan 希望透過酒吧空間，帶顧客回到美好年代。這個時期，是愛爾蘭威士忌盛行的時候，所以 Alan 準備了 40 餘款愛爾蘭威士忌，同時這也是歐洲流行喝艾碧斯的年代，Alan 推薦傳統冰滴的喝法，也可以嘗試燃燒火焰方糖的波西米亞式喝法。除此之外，還有艾碧斯爲基底的雞尾酒可供點用，像是當代經典 Green Beast 與海明威所愛的 Death in the Afternoon。

使用艾碧斯與香檳調製而成的 Death in the Afternoon，在台灣是比較少見的雞尾酒，由於香檳的價格不斐，所以在 Antique Bar 1900 也貼心的提供了以 Prosecco 替代的版本，透過簡單的氣泡，能降低艾碧斯的酒精度，並釋放出其中優雅的木質香氣。

**張勳進 Jeffrey**

1988. 11. 11

調酒年資
15

**Industry Sour**

30mL Fernet Branca
30mL Chartreuse Verte
15mL Orgeat syrup
15mL Fresh lime juice
Garnish: Orange peel
Glass: Sour glass
Method: Shake

由調酒師 Ted Kilgore 於 2010 年所設計的雞尾酒，經典的等比例架構改編。因爲 Chartreuse 與 Fernet 濃郁的味道，如果是普通的消費者，可能會避之唯恐不及，但對於調酒師來說，這濃郁的香氣讓人喜愛，也許正因此命名爲 Industry Sour。

這是一款聞起來十分舒服的調酒，在入口酸甜平衡的苦味之後，接著是胡椒、薄荷等強烈香氣席捲而來。爲了因應我想要苦一點的要求，所以 Jeffrey 在自己原本的配方外，額外增添數滴 Angostura 苦精，增強了整體的苦味與芳香感，是一款愛喝苦的資深酒客必嚐當代經典。

蘇格蘭羅賓漢的友誼味

尹德凱 Kae

1985. 11. 12

調酒年資
21

Rob Roy

85mL Johnnie Walker Black Label
5mL Lagavulin 16yo
16mL Rosso vermouth
Glass: Martini
Method: Stir

從事調酒師逾 20 年的 Kae，到台北打拼之前，曾在高雄業界有一群調酒師知交，Maddox 是其中之一。然而在異地打拼的時光裡，Maddox 英年早逝，自始自終，他都稱職地扮演好調酒師的角色。

直到現在，Kae 所調製的 Rob Roy 仍維持當時做給 Maddox 的版本。Maddox 曾問 Kae：「為什麼在黑牌之外，加入了少許 Lagavulin 單一麥芽威士忌？」Kae 回答說這是他測試過，最接近當初他喝到傳奇性的美味版本。當時，Kae 品嚐到那杯美味的 Rob Roy，使用早期的白馬調和威士忌，帶有鮮明的泥煤風格。

時至今日，Kae 不曾再改變過 Rob Roy 的比例，用著 Maddox 送給他的杯子盛裝，保存著當初調製給他的味道。

* 早期的白馬調和式威士忌含有的 Lagavulin，帶有明顯的煙燻泥煤調性。

秘密酒吧裡的和風咖哩飯

**孫崇耀 Marx**

1992.06.01

調酒年資
9

Americano

45mL Campari
30mL Dolin Vermouth Rouge
Wilkinson soda on top
Garnish: Orange slices
Glass: Collins
Method: Stir

A Light 可以說是全台灣最隱匿的酒吧之一，從開幕至今十年的時間裡，皆堅持著全預約制的秘密酒吧。隨著疫情持續，A Light 不僅沒有褪去神秘的面紗，反而做出有趣的創舉，將原本老闆 Sam 僅提供給同事及密友的私房咖哩端上吧台。

一碗咖哩飯能有多難？選用拒絕宅配，只能親臨農戶自取的台東池上米，軟糯卻粒粒分明，淋上咖哩醬後，硬度仍能保持。牛肉與辣醬來自全世界最難訂位的牛肉麵門前隱味，帶筋悶熟，入口即化的口感，難以忘懷。透過旨味濃郁的咖哩將這一切連結在一起，完美！

如果說要搭配醬汁厚重的咖哩飯，那就是 Highball，或者是一杯 Americano。簡單的苦味與草本調性組合的蘇打，以日式的薄杯盛裝，並將柳橙片塞入杯壁與冰塊間，緩慢地釋放出帶有細膩酸度的果香。

在酒吧吃上一碗咖哩飯，配上 Americano，一秒鐘回到 Bar K，那是我跟 Sam 都喜歡，位於大阪，藏匿於地下室裡令人印象深刻的貼心酒吧。

*Americano 源自於禁酒令時期美國人到義大利喜歡飲用而得其名。

電影院裡的布魯克林

**施佑達 Ryan**

1995. 07. 24

調酒年資
7

Brooklyn

45mL Omar Sherry Cask
17mL Noilly Prat Original Dry
7.5mL Luxardo Maraschino
5mL Picon
Glass: Martini
Method: Stir

如果城市是一種味道，那 Brooklyn 會是什麼滋味？作為類似 Manhattan 的改版與變體，首次出現於 1908 年的出版物，在那個人們還未知即將到來的經濟恐慌到來，美國的富庶，大概可以從這杯酒裡看得出來，加入了來自法國的 Picon 與 Vermouth 及義大利的 Maraschino。

在美國緊接而來，那個百業待興、經濟大蕭條的年代裡，能取得慰藉最好的方式，大概就是在禁酒令時期，喝上一杯美味的異國風情雞尾酒吧。

店名中的隱城除了有大隱隱於市之意，也有取其諧音影城，使得要抵達酒吧空間，要先穿越如影廳的空間，就連下酒小點都是爆米花。Ryan 的 Brooklyn 並沒有很刻意的隱藏酒精感，反而奔放，讓酒本身的香氣綻放開來，尤其是黑櫻桃酒裡的辛香調性，跟 Picon 所帶來的細膩苦味，在層次上更加複雜芬芳。

# 療癒人心的午夜劑院

蕭玉井 Kevin

1986. 09. 16

調酒年資
7

**Fiddich Cobbler**

45mL Glenfiddich 15yo
15mL PX Sherry
15mL Lime juice
Club soda on top
Garnish: Dried lime peel
Glass: Stemless wine glass
Method: Build

請別誤會，這裡可不是不正經的地方，與妓院相同的偕名，還有入口的露骨霓虹燈，都是 Kevin 所展現出來的詼諧幽默。推開大門，每個來到劑院的人，都可以找到屬於自己喜愛的威士忌或雞尾酒，這是由 Kevin 打造，午夜裡療癒人心的一劑心靈良藥。

作為專業的威士忌酒吧，劑院有超過四百款威士忌可供選擇，也有由 Kevin 設計，以威士忌為基底的各種經典改編。Fiddich Cobbler 以格蘭菲迪 15 年為基底，利用其 Solera System 熟成的雪莉桶特色，加入 PX 雪莉酒，展現出葡萄乾與蜜餞的調性，讓 Cobbler 沾染上更多風味層次。

來自銀座的溫柔叮嚀

杜龍豪 Eason

1988.07.01

調酒年資
13

Grasshopper

20mL Get 27 Green Mint
Liqueur
20mL White cacao liqueur
40mL Cream
Garnish: Chocolate
Glass: Cordial glass
Method: Shake

曾於銀座傳奇名店 Tender Bar 服務的 Eason，
返台之後開設了小城外 Bar City North，受到上
田和男的薰陶，讓 Eason 的雞尾酒風格精巧洗
鍊，從杯具選擇到調製細節都不馬虎。

我十分喜愛 Eason 呈現的 Grasshopper，使用
收口的笛型杯，搭配巧克力杯口，與 hard shake
帶來的綿密口感，是打破傳統日本調酒硬派迷思
的一款酒。

當然在這裡，什麼樣的經典雞尾酒 Eason 都能滿
足顧客，不過我特別鍾愛以 Zacapa 23 所調製的
Rum Manhattan，那帶有香草氣息的強勁酒感，
是我夜晚裡最後一杯的不二選項。

以台灣茶香入酒

**高永霈 Yung Pei**

1995.06.18

調酒年資
7

**Hunter Tea White Negroni**

40mL Four Pillars Spiced Negroni Gin
20mL Mancino Bianco Vermouth
20mL Fernet Hunter
Garnish: Pink grapefruit peel
Glass: Rock
Method: Sous Vide with 15g Lishan oolong tea leaves in 75°C for 18 minutes

作為 Fernet Hunter 的品牌大使與無向的酒吧經理，永霈對於調酒有一套自己的見解，相較於專注在雞尾酒的基酒酒款選用，以調製出同款雞尾酒的不同風味，永霈更聚焦於將在地材料的風味特質發揮出來。

永霈所改編的 White Negroni，原先是為菲律賓客座所設計的雞尾酒，初衷是想讓外國人體驗台灣茶入酒的美味，同時突顯出酒款與食材風味的特色，除了採用 Fernet Hunter，帶來明亮的柑橘調性，另外以低溫萃取梨山烏龍茶香，讓茶葉本身的香氣與雞尾酒的前中後調環環相扣。

專業酒客的秘密基地

孔柏仁 Dale

1984. 10. 25

調酒年資
8

**Gin-Gin Mule**

60mL Gin
22.5mL Lime juice
15mL 1:1 Caster sugar syrup
1 dash Orange bitters
Some Fresh mint leaves
Some Ginger ale
Garnish: Mint leaves or Ginger slice
Glass: Collins
Method: Shake

**Ginger ale**

將薑洗淨，與砂糖以 2:1 的比例醃漬，待糖完全溶解後放入果汁機打碎，濾出薑汁，並依自己喜好加入蘇打水調整口味。

Gin-Gin Mule 是當代知名女調酒師 Audrey Saunders 的作品，酒名取自薑與琴酒的英文開頭，以 Moscow Mule 進行改編，琴酒、薑與薄荷的簡單組合，不僅具有紐約雞尾酒復興的象徵意象，也寓意著女調酒師在當代的崛起。

The Primrose 隱藏在咖啡外帶店後，狹小而昏黃的兩層空間，像極了紐約地區的秘密酒吧。Dale 的 Gin-Gin Mule 使用自製的薑汁汽水，辛辣帶有薑泥口感的風味十分迷人，如果喜歡香料調性的雞尾酒，很適合作爲當晚的第一杯酒。Dale 擅長各式以新鮮時令水果所調製的雞尾酒，十分值得一試。

在微醉與清醒之間

近午夜的時光裡，有什麼能比一杯愛爾蘭咖啡更加撫慰人心？

Irish Coffee 是一款源自於 1940 年代的飲品，既是咖啡，也是雞尾酒。從溫杯開始，確保玻璃杯的狀態能盛裝完美的咖啡，接著注入威士忌與沖一份濃縮咖啡，最後，堆疊上新鮮打發的鮮奶油，一杯好的 Irish Coffee，值得十分鐘的等待。

未央咖啡店在 Irish Coffee 裡選用的濃縮咖啡帶有鮮明酸度，與鮮奶油形成完美的平衡，最佳喝法就是在上桌時馬上大口一抿，那冰熱混合的神奇口感伴隨著酒精的暖意，十分令人滿足。如果在未央點一杯冰滴咖啡，還能獲得咖啡師的手鑿冰球，霎時間還以為自己走進了白日的酒吧。

\* 經過打發的動物性鮮奶油，讓 Irish Coffee 有更自然飽滿的口感。

冷門經典的探索者

邱奕憲 Randy

1992. 11. 12

調酒年資
5

**Mezcal Jackson**

45mL Mezcal
10mL Disaronno Amaretto
10mL Coconut rum liqueur
4 drops Angostura Bitters
Garnish: Lemon peel or Smoky almond
Glass: Rock
Method: Stir

Bibber Dessert Bar 的調酒師 Randy 專注在探索各式經典與當代雞尾酒，所以如果找 Randy 喝一杯，時常可以得到意想不到的冷門美味酒款，從點酒的過程中認識到新的雞尾酒。

Mezcal Jackson 是 Randy 向我介紹，源自 2019 年調酒師 Sean Lisik 的當代雞尾酒，以 Godfather 架構做改編，其中增加了椰子調味的蘭姆酒，是整體風味的亮點。也許整杯酒就是致敬 Michael Jackson 的音樂成就，以簡單創造出雋永的風味。

原版 Sean Lisik 使用的 Mezcal 是具有強烈煙燻的 Del Maguey VIDA，Randy 則選用帶有堅果及果香的 Derrumbes Durango，使整體的風味細膩具層次，尤其待融水之後，香氣舒坦開來，值得花時間細細品味。

多倫多的細膩苦味

**簡展威 Owen**

1995. 12. 15

調酒年資
7

**Toronto**

60mL Canadian whisky
5mL Fernet Branca
5mL Maple syrup
1 dash Angostura Bitters
Garnish: Orange peel
Glass: Rock
Method: Stir

Toronto 可 以 看 作 是 添 加 Fernet Branca 的 Old Fashioned 改 版，當 天 我 喝 到 Owen 的 Toronto 使用美國裸麥威士忌，取代原版中同樣具有高比例裸麥的加拿大威士忌，並稍微降低 Fernet Branca 的存在感，佐以球冰，融水隨著時間變化，口感上更加柔和。

對剛開始接觸雞尾酒的消費者來說，Toronto 是一杯很適合探索苦酒美妙風味的開端，透過使用少量 Fernet Branca 帶出複雜的龍膽、薄荷等風味層次，以楓糖作為部分甜度的來源，濃郁且微苦的口感，十分適合作為微涼天氣下的調酒選項。

**陳俊光 小光**

1995. 06. 15

調酒年資
6

### Old Fashioned

50mL Michter's Bourbon
1.3mL The Bitter Truth Orange
Bitters
0.9mL Fee Brothers Old
Fashioned Aromatic Bitters
0.6mL Fee Brothers Black
Walnut Bitters
0.2mL The Bitter Truth
Chocolate Bitters
3/4 顆 鸚鵡牌琥珀紅糖
Garnish: Orange peel
Glass: Rock
Method: Stir

小後苑大直店是後院體系的第三間酒吧，也爲沒有太多夜生活的大直、內湖地區注入新的活血。以專業威士忌酒吧起家，小後苑有非常豐富的威士忌收藏，除此之外，擁有專業壽司師傅站檯製作特色料理，使得在宵夜市場的酒食當中可以說是獨一無二的存在。

小光從後院老店開始工作，如今在小後苑大直店擔綱首席調酒師，他的 Old Fashioned 使用 Michter's 的波本威士忌，搭配鸚鵡糖，並使用多種苦精搭配，突顯 Michter's 波本自身豐富的肉桂、香草調性，在厚實的酒感之中，帶出些許新鮮青蘋果的柔和感受。

藏身東區的凱迪拉克

**王偉瀚 Masa**

1991. 03. 03

調酒年資
8

Golden Cadillac

50mL Galliano
25mL Marie Brizard White
Cacao Liqueurs
10mL Mozart White Chocolate
5mL 2:1 Rich syrup
30mL Dairy cream
4-5 pieces 3*3 Cube ice
Garnish: Nutmeg powder
Glass: Coupe
Method: Shake

隨著東區 Draft Land 進駐此區域，附近開設了許多新酒吧，忠孝東路與延吉街巷內一帶儼然成爲新的酒吧戰區，像是 Origin 與放感情都插旗這個小小的丁字路口。而最新開幕的 Bar Clique，不講求鋪張的主題，以舒服到位的消費體驗爲訴求，整份酒單都是經典雞尾酒，加上 Masa 待客親切，是老派酒客值得探訪的新酒吧。

在 Bar Clique 酒單上，Golden Cadillac 是一杯少見的經典，由 Frank Klein 於 1952 年所創作。其架構類似 Grasshopper，因將薄荷酒替換成香草茴香酒 Galliano，使得整體的風味更加成熟，綿密的口感夾帶著細膩的八角香氣，乍似衝突的組合，只有在親自體驗過後才能了解 Golden Cadillac 的迷人魅力。

漂泊靈魂的深夜收容所

李威運 Wayne

1979. 01. 04

調酒年資
21

Whisky Sour

30mL Maker's Mark
30mL Old Overholt Straight Rye
Whiskey
15mL Lemon juice
12mL Rich syrup
Glass: Coupe
Method: Shake

靠近信義安和捷運站的 Digout 是台北有名的深夜酒吧，表訂兩點營業結束，這裡卻時常成為專業酒客的最後一站，依照當天調酒師與客人歡愉的程度決定關店時間。

不大的酒吧空間裡，以一致的深暖色木質調裝修貫穿。Digout 採無酒單的點酒方式，多以經典調酒為主，搭配上調酒師們幽默風趣的互動，在酒精的催化下，很容易就會融入 Digout，成為常客的一份子。

Wayne 的 Whisky Sour 是沒有蛋白的版本，使用 Maker's Mark 波本威士忌，調製出帶有堅果、杏仁的飽滿風味。其他攪拌類型的雞尾酒，像是 Boulevardier、Martini 等，也都值得一試。

來自歐洲的極簡風格

Charly Farras

1989. 06. 21

調酒年資
12

Time-Out

35mL Coffee beans infused
tequila reposado
10mL Fernet Hunter
10mL Roots Mastic
7.5mL Sweet vermouth
Glass: Coupe
Method: Stir

Clear-Cut 位在信義區嘉興街，由待過倫敦與香港的法國調酒師 Charly Farras 所開設，不大的空間裡凝聚有相當的人情味，也容易在酒精下肚之後，和隔壁的客人用英文聊了起來。

在倫敦豐富的夜生活當中，Charly 曾在 The Savoy Hotel 等多處酒吧工作過，這些經驗，使得 Clear-Cut 的調酒風格十分洗鍊，雖然普遍酒精度並不低，喝起來卻十分平易近人。在後來亞洲旅行的過程中，Charly 愛上了台灣，選擇在此落地生根。

Charly 的 Time-Out 選用 Fernet Hunter 調製類似 White Negroni 類型的雞尾酒，以浸泡過咖啡豆的陳年龍舌蘭為基底，加入希臘乳香酒，帶有油脂感的酒體包覆著草本調性，是喜愛苦酒的酒客不容錯過的一杯。

獵人菲奈特草本酒

Fernet Hunter

獵人菲奈特是一種新穎時尚的義式草本酒，這種草本酒的製作生產可追溯至 20 世紀早期，由山金車、鳶尾草根和薰衣草在內的各種植物精選組合而成，原料來自奧地利布勞恩瓦爾德（Brunnwald）的森林。這些香料在狩獵季節被精心挑選和乾燥處理，因此該酒被命名爲「獵人菲奈特」，草藥的精華在低溫環境萃取出來，賦予酒液獨特的風味平衡度。

獵人菲奈特由 Holzer 父子共同創立，將數百年的蒸餾技術、酒類貿易經驗和現代化的酒液萃取調和方法結合，可以通過許多方法享用，最好的方式是以冰塊冷卻後，伴以蘇打水、茶或雞尾酒飲用。

Fernet Hunter Granit

Fernet Hunter Granit 和 Fernet Hunter 的區別在於其較不甜、苦味增加和糖含量減少。 除了山金車花、鳶尾花根和薰衣草，Fernet Hunter Granit 還加入了洋甘菊，爲這種獨特的苦味提供了強烈的芳香特質和複雜性。

**陳品汎 Pin**

1988. 02. 20

調酒年資
6

Garibaldi

30mL Campari
105mL Fresh orange juice
Glass: Collins
Method: Build

Pin 是充滿知性的女調酒師，消費者坐上吧檯，可以很自在地與其互動。在 Pin 開始接觸調酒的階段，便前往倫敦與杜拜的知名酒吧工作，後至奈良 Lamp Bar 進修，最終因爲疫情回到台北，也因爲先前的歷練，得以開設具有獨特風格特色的酒吧 Liowl。

Liowl 從下午就開始營業，加上空間氛圍的設計，比起酒吧，這裡更像是歐式咖啡館的悠閒氛圍，並提供許多低酒精度雞尾酒的選擇，除了以康普茶調製的特調雞尾酒外，也有 Sbagliato 與 Garibaldi 等經典調酒。

Garibaldi 是簡單架構的經典雞尾酒，在曾被譽爲世界最佳酒吧的紐約酒吧 Dante 於 2015 年重新推出，並使用高速榨汁機賦予全新口感面貌，在此之後，這款雞尾酒已悄然傳播至全世界。

# 隱藏在米其林之後

**林俊興 Daniel**

1988. 06. 30

調酒年資
10

**Earl Grey Milk Punch**

45mL Earl grey rum
50mL Half & Half
15mL Honey syrup
3 dashes Bittermens Tiki Bitters
5mL PX Sherry
15mL Egg white
Garnish: Earl grey tea powder
Glass: Rock
Method: Shake

**Earl grey rum**

30g Earl grey tea
700mL Zacapa 23 Rum
Method: 將茶葉浸泡至蘭姆酒 2 小時，過濾後即完成。

Bar Impromptu 是榮獲多次米其林一星餐廳 Impromptu by Paul Lee 所開設的「地下酒吧」，與餐廳同位在晶華酒店樓下，如果過了地下街的營業時間，只能透過隱蔽的入口抵達。爲了讓客人保有高度隱私感，僅有十一個位於吧檯的座位，是間非職業酒客難以尋訪的秘密飲酒基地。

Bar Impromptu 的主理調酒師 Daniel，擁有老派的經典靈魂，擅長當代經典調酒，並以經典雞尾酒作爲核心架構，做出許多巧具匠心的改編。其中，印有 Impromptu 其 Logo 的 Earl Grey Milk Punch，是 Daniel 的自信之作，在綿密的口感下，隱藏著令人微醺的高酒精基底。

當然作爲米其林餐廳所開設的酒吧，食物的部分自然令人有所期待，除了加入了炙燒和牛與鮑魚的維力炸醬麵，還有像是韓式五花泡菜沙拉與薯仔辣炒蛋，以簡單架構，呈現出酒後對於重口味美食的渴求，直球對決消費者的味蕾。

# 新北

在地理環境上，整個新北市圍繞著台北市，便利的都會區交通與高昂的經營成本，使得新北地區的喝酒人口往台北市移動，這其中也包含對調酒師的工作與開業的吸引力。即使是人口密度極高的三蘆、板橋與雙和，都不易經營精緻的雞尾酒吧，但仍有少數用心的酒吧在此地區扎根。

反而是距離台北市區較遠的林口與淡水，因為形成獨立封閉的生活圈，加上特有觀光資源及數間大學的消費力，孕育出各自面貌的酒吧文化。而林口台地因為有科技園區與長庚醫院，加上大型購物中心、影城與高級住宅區林立，使得林口成為正在崛起中的閃亮之星。

雪茄館裡的沙發時光

**孔令輝 Lance**

1994. 02. 17

調酒年資
8

**Gin Fizz**

45mL Roku Gin
15mL 1.5:1 syrup
15mL Lime juice
60mL-90mL Soda
Garnish: Lemon peel
Glass: Collins
Method: Shake

在林口靠近三井 Outlet 旁邊，新興高級住宅聚落的住戶們再也不用跑到台北市，就近就能抽抽雪茄、喝到好喝的老派經典雞尾酒。尤其有了機場捷運之後，林口交通方便，也可以從台北搭捷運來逛街看電影，在結束之後到此延續夜生活。

Lance 推薦搭配雪茄的酒品，除了以蘭姆酒與威士忌做比較重口味的雞尾酒來搭配，他認為 Gin Fizz 的清爽感，也是另一種搭配雪茄的好選項，爽口的氣泡感，可以舒緩因抽茄感到疲倦的味蕾。

Lance 的 Gin Fizz 屬於稍微偏甜的風格，使用凍飲的 Roku Gin，搭配現榨萊姆汁，藉由糖撐出飽滿的口感，十分適合搭配雪茄。另外推薦配雪茄的還有 Martini，僅使用香艾酒涮杯，將攪拌過的冷凍 Bombay 或 Tanqueray 注入，口感醇厚，是與雪茄搭配的另一種老派選擇。

*Lance 現已離職，目前同樣於林口開設餐酒館「森·Bar Mori」。

**林子翔**

1994. 02. 24

調酒年資
7

## Cosmopolitan

45mL Stoli Berry Flavor Vodka
20mL Cointreau
15mL Lemon juice
45mL Cranberry juice
10mL Simple syrup
Garnish: Plum
Glass: Martini
Method: Shake

### Stoli Berry Flavor Vodka

若無該款酒，也可以自製，方法
如下：將酒釀櫻桃烘乾後加入些
許丁香、乾燥洛神花、紅茶葉，
舒肥 70 度 2 小時。

位在淡江大學旁的二樓小空間裡，隱藏著一間具中式風格、充滿各式創意調酒的雞尾酒吧。充滿創作能量的子翔，是 19 年 Marie Brizard 調酒比賽的世界亞軍，時至今日，酒單上仍能點到他當時的比賽作品。

Cosmopolitan 是 子 翔 開 始 當 調 酒 師，調製給客人的第一杯雞尾酒。如今，重新詮釋 Cosmopolitan，他有自己的想法，混合新鮮蔓越莓果汁與糖漿，帶出富有果香、更複雜飽滿的酒體，是杯值得品味的改編作品。

小徑後的飲酒避世所

**翁瑋穜 Esa**

1987. 10. 17

調酒年資
5

Piña Colada

30mL Flor de Caña 4y Extra
Seco
15mL Havana Club 3 Añejo
Especial Rum
60mL Golden Diamond
pineapple juice
25mL Coconut milk
17mL Lemon juice
20mL Syrup
Garnish: Pineapple & Fruit
Glass: Hurrican glass
Method: Shake

在淡水捷運站老街出口的另一側，沿著捷運，走過一段無人的小徑，小山坡上，座落著一間由熱情女調酒師所開設的酒吧 Buddy Bar。相較於淡水另外兩間知名酒吧，與溪谷及樹下餐酒位於淡江大學的兩側，這裡對於外地遊客來說，更容易抵達。

在當代，有些店家因為材料的便利性，會使用罐裝鳳梨汁與椰子利口酒，取代原本的材料調製 Piña Colada。而在 Buddy Bar，你喝到的，是使用鮮榨的鳳梨汁跟椰漿，調製口味道地的 Piña Colada，搭配充滿海島風格的裝飾物，Buddy Bar 可以說是藏身在淡水的飲酒避世所。

**康書瑋 Vito**

1984. 04. 15

調酒年資
8

Whiskey Sour

45mL Old Virginia Bourbon Whiskey
15mL Yellow lemon juice
7.5mL Syrup
Glass: Martini
Method: Shake

在永安市場捷運站小巷裡，隱身著一間藏身二樓，僅有六個位置，專注在經典雞尾酒上的酒吧。原本 Vito 在不遠處開設 Bar There，因爲想要更專注在與客人的對話上，於是縮減本就不大的店面規模，搬遷至現址，並更名爲 Bar 無爲。

聊到未來，Vito 說如果可以的話，也許有一天會將店搬移到烏來或新店深山當中，過起更簡約的生活方式，做做菜、調調酒，像家一樣，以對待朋友的方式，款待每一位前來的客人。

Vito 的 Whiskey Sour 使用 Old Virginia 6 年波本威士忌，透過鏗鏘有力的搖盪方式，注入酒杯後，保留碎冰，可以維持更久的冰度。冷冽的口感中，帶出波本威士忌原有的香草與堅果調性。

周聖閔 Lawrence

1995. 11. 27

調酒年資
7

**Between the Sheets**

45mL Rémy Martin V.S.O.P
15mL Saint James Impérial
Blanc Agricole Rhum
20mL Cointreau
20mL Lime Juice
Garnish: Orange peel
Glass: Martini
Method: Shake

靠近淡江大學的樹下餐酒，早於十年以前開設，是這區域最早開始提供精緻雞尾酒與多樣威士忌的酒吧，滋養了淡水地區學生酒客對於酒類知識的認識，也有許多學生畢業之後仍會來喝一杯，回味青春。

也許是因爲有點曖昧不清的酒名，使得 Between the Sheets 這款雞尾酒雖然不在樹下的酒單上，卻依然成爲這一帶學生間熱傳的經典雞尾酒。

調製 Between the Sheets 最困難的地方在於，白蘭地鮮明的木質調性容易壓過白色蘭姆酒，Lawrance 選用了香氣較爲濃郁的法屬馬丁尼克島蘭姆酒 Saint James，讓整杯酒在木質調中，帶出熱帶水果的果香與悠長尾韻。

Jerry Thomas
1830-1885

基隆

基隆的酒吧文化發展，受惠於港口與戰後美軍，極早就有具規模的酒吧聚落座落在此，然而都是以娛樂性質爲主的酒吧，並未發展出較爲細膩的飲酒文化。

近幾年，雞尾酒品飲的風潮逐漸從台北向外延伸至此，產業文化轉型的過程，基隆也慢慢地重塑屬於這城市的精緻飲酒文化。從艾克猴開始，到人參民謠小屋，再到 Dope 對於雞尾酒文化的扎根，不論是對威士忌、琴酒還是更全面性的調飲，雞尾酒正以不同的方式在這個城市生根萌芽。

極北之境的杯中綠茵

陳傳儒 Harry

1995. 03. 06

調酒年資
6

King's Valley

20mL Oban 14yo
20mL Cragganmore 12yo
10mL Craigellachie 13yo
1.5 tsp Bols Blue Curaçao
10mL Grand Marnier
15mL Lime juice
Glass: Martini
Method: Shake

作爲港口城市，基隆擁有豐富的酒館歷史，然而，若談論到近年開始興起、當代的雞尾酒與威士忌文化，艾克猴無疑是這座港都精緻飲酒文化的開端，六百餘款的威士忌外，也有多款以蘇格蘭威士忌調製的雞尾酒。

上田和男原版的 King's Valley 使用的是調合式威士忌爲基底，以沒有綠色材料卻展現出綠色調性的雞尾酒而聞名。Harry 的改編，選用了三款單一麥芽威士忌 Oban、Cragganmore 與 Craigellachie，有趣的是，Harry 選用的三款原廠裝瓶威士忌都是以蟲桶冷凝爲製程的酒款，展現出店家對於威士忌的專業認識。

除了 King's Valley 之外，也推薦以 Ardbeg 調製的 Highball，以薑汁汽水取代蘇打，在調酒師的構思下，更能表現出泥煤之王的風味特色。

港都風華裡的英倫風情

**菌銘端 端**

1979. 05. 30

調酒年資
5

Pisco Sour

50mL Capel Pisco Reservado
Moai
17mL Fresh lime juice
15mL Simple syrup
30mL Egg white
Garnish: Bitters
Glass: Coupe
Method: Shake

作爲基隆爲數不多以雞尾酒爲主題的酒吧，帶有點英倫調性的裝修，是由有室內設計經驗的老闆一手打造。Dope Bar 持續投資，聘請台北的調酒師作爲店內顧問，持續精進雞尾酒的水平。

Dope Bar 的 Pisco Sour 使用產自智利的 Capel Pisco，帶有細膩香草調的葡萄香氣，並使用蛋白粉取代蛋白，整杯雞尾酒甜度稍低，帶有爽口的調性。隨著夜越來越深，店裡的音樂也會跟隨著氣氛加重節奏。

\* 智利跟秘魯一直爭論誰是 Pisco 的原產地，兩地的 Pisco 在風格上有所差異，智利的較爲清爽淡雅，秘魯的則帶有濃郁香氣，各有擁護者。

廟宇旁的奇幻之旅

Tonic & Gin

45mL Gin
22.5mL Tonic water
Garnish: Flowers & Fruits
Glass: Rock
Method: Stir

陳冠生 阿生

1993. 11. 29

調酒年資
7

人參民謠小屋隱身在基隆廟宇小巷內的二樓，若非有人帶路，很難會想到這裡隱藏著充滿歡騰笑聲的小酒館，週末會有現場的音樂演出，平日也偶爾有人上台彈著吉他唱著歌。

小屋主打以琴酒作爲主題，可以嘗試各種不同風味的 Gimlet 與 Gin Tonic 等琴酒經典調酒。在酒單上，店長冠生放有一款 Gin & Tonic 的強化版：Tonic & Gin，是將原本 Gin & Tonic 中琴酒與通寧水的比例對調，概念上更接近以琴酒爲基底、通寧爲苦味來源的琴酒 Old Fashioned

午夜之後，小屋外面開始是熱鬧的漁市場，不遠處，則是 24 小時營業的基隆廟口夜市，這一帶融合各式充滿生機的商業活動，值得好好安排上兩天一夜的基隆文化體驗之旅。

桃園

桃園擁有多所大學散佈各區，十多年前便以中壢 Barsoul 爲核心，發展出完整的酒吧輪廓，並培育出許多知名調酒師，除了孕育許多花式調酒師，也與學界、調酒協會往來甚深，桃園酒吧的分界主要依都會區分爲中壢與桃園。

因 Barsoul 早期扎根，中壢有非常成熟的酒吧文化，不論純威士忌吧、花式酒吧還是 Speakeasy，都能在此找到，加上坐擁中壢夜市的觀光資源，是外地酒客相當值得到訪的區域；桃園地區這幾年酒吧文化的成長有目共睹，三個區塊：青埔、藝文特區與舊桃園市區建構出特色生活圈，也有各自不同風格的酒吧屹立。

桃園的龜山、龍潭、八德與南崁等地區另有一些小規模、追求細膩體驗的飲酒空間。青埔則是最受矚目的明日之星，坐擁國際機場與華泰 Outlet，加上台北高鐵直達，許多店家都已經進駐此區佈局。

# 沒有咖啡因的咖啡雞尾酒

**黃緯恩 Wayne**

1994. 07. 15

調酒年資
7

**Coffee Cocktail**

45mL Prince D'arignac
Armagnac X.O.
30mL Graham's Fine Ruby Port
1 Egg
1 barspoon Simple syrup
Garnish: Cardamon powder
Glass: Coupe
Method: Shake

位在青埔的 Kappa 河童餐酒館，是這地區第一家提供精緻雞尾酒的空間，白天是咖哩店與咖啡店，到了夜晚，便搖身一變成為專業酒吧。其中，二樓隱藏著專業的老派雞尾酒吧檯，到了週末，很值得上樓來上一杯。

Coffee Cocktail 是以白蘭地的木質調搭配波特酒的濃香，佐以全蛋，讓沒有使用咖啡與牛奶的酒，品嚐起來如同一杯濃郁的烈酒拿鐵。Wayne 的 Coffee Cocktail 也有另一個版本的改編，將波特酒置換成更為濃郁的 PX 雪莉酒，像是帶有可可奶香與堅果香氣的卡布奇諾。

除了 Kappa 之外，青埔從白天到晚上的娛樂都越來越熱鬧，有機會不妨白天到華泰名品城與水族館逛逛，夜晚開啟酒吧巡禮之旅，或許下一次再到訪青埔，這裡又會迸出什麼新的風景與好滋味。

跟隨成長的創店起源

**温定濂 Vince**

1984. 01. 23

調酒年資

13

### Leche de Pantera

30mL Bacardi Rum
30mL Gordon's Gin
30mL Smirnoff Vodka
45mL Vanilla syrup
60mL Milk
1 splash Cinnamon powder
Garnish: Flower
Glass: Rock
Method: Shake

位在桃園經國路上的 El Jardin，是桃園市最早定位在精緻雞尾酒的酒吧，隨著藝文特區的崛起，El Jardin 成為了當地最受歡迎的飲酒空間，如今已經扎根在桃園十年，持續供應著美味的調酒。

曾經在西班牙馬德里的酒吧工作過，Vince 說 Milk Punch 曾盛行於上世紀 90 年代的西歐，他將當地流行的版本作出自己的改編，以三種烈酒結合鮮奶，在柔順甜美的口感之中隱藏著高度酒精。從開店一開始，Vince 就將這杯 Leche de Pantera 放在酒單上，隨著店一起成長，如今仍屹立不搖。

*Leche de Pantera：西班牙語「豹奶」之意。

**曹琳 Charlene**

1993. 09. 09

調酒年資
6

**Aviation**

60mL Tanqueray No.TEN
30mL Fresh lime juice
15mL Luxardo Maraschino
15mL Rothman & Winter
Crème de Violette
Garnish: Lemon peel
Glass: Martini
Method: Shake

Charlene 在新加坡開啟了雞尾酒之路，也曾在亞洲最佳酒吧 Jigger & Pony 工作過，回到台灣之後，仍持續追尋著熱愛的雞尾酒，目前服務於桃園的 El Jardin。

Charlene 以 Tanqueray No.TEN 爲基底，拉高酸甜比例，透過比較高用量的 R&W 紫羅蘭酒，形成鬱鬱的深紫色，隨著 Maraschino 帶出甜美的辛香料與胡椒調性，在架構上是我非常喜愛的風味。

恰到好處的親密關係

顧瑞康 Eric

1982. 11. 19

調酒年資
13

**Affinity**

40mL Johnnie Walker Black
Label
15mL Carpano Classico
10mL Noilly Prat Original Dry
4 dashes Angostura Bitters
Garnish: Orange peel
Glass: Martini
Method: Stir

2019 年準備 World Class 競賽時，我反覆練習著清單裡的經典調酒，卻覺得味道不對，其中 Affinity 更是困擾著我，這是一杯同時使用甜與不甜的香艾酒、以蘇格蘭威士忌爲基底調製的雞尾酒。Affinity 在英文裡意指親密關係，我的酒呈現不出這種感覺。

那時候我前往林口的 Bar Seven，跟調酒師 Eric 點了一杯 Affinity，我發誓，那真的是令人印象深刻的 Affinity，精準的攪拌與 Eric 溫暖而知性的聊天啟發了我很多。在當時，很難想像，原來在林口也有這麼具水準的調酒師與雞尾酒。

也許是那杯 Affinity 的鼓勵，回去後，我想通了許多事情。最終，我拿到那年 World Class 經典雞尾酒賽項的冠軍。感謝 Eric 療癒人心的 Affinity，也啟發了我寫這本書，介紹更多用心的調酒師。

黃士芳 Ting

1985. 09. 01

調酒年資
11

### Hunter

45mL Bulleit Bourbon Whiskey
15mL Heering Cherry
5mL Luxardo Maraschino
2 dashes Angostura Orange
Bitters
Garnish: Orange slices with
chocolate
Glass: Martini
Method: Stir

在中壢夜市旁的光明公園裡，有間隱匿在人造河道後方的專業酒吧，當你搖動鈴鐺，便會爲你放下步入店裡的橋樑，是有趣的尋訪體驗。

Hunter 在酒譜上有無 Maraschino 的分別，Ting 的 Hunter 以 Bulleit 裸麥，搭配 Heering Cherry 與 Maraschino，帶有飽滿香料的氣息，加上佐酒的可可橙片，是很棒的巧思，能在 Bar 藏雅致的空間裡喝上這樣一杯酒，實在是至高的享受。

除了 Bar 藏之外，還可以到隔壁的 Tiki bar 躲迷藏欣賞花式調酒的表演，或者到對面古華酒藏品飲珍稀威士忌，在中壢，這一帶已是飲酒客必訪的聖地。

老石上與老時尚

**饒振浩 Show**

1989.06.11

調酒年資
6

**Old Fashioned**

60mL Buffalo Trace Bourbon
1 Cube sugar
10 drops Angostura Bitters
Garnish: Orange peel
Glass: Rock
Method: Stir

由老花紋窗戶所堆疊出來的昏黃酒吧空間裡，有著充滿活力的酒吧團隊。Show 說比起雞尾酒，他更在乎人與人之間的互動，所以 Show 喜歡消費者每一次跟他點不同的調酒，也是希望透過點酒過程的互動，更進一步認識眼前的客人。

老石上與 Old Fashioned 的直譯老時尚同音，連結老宅與復古元素的裝修風格，是相當能代表老石上的酒款。這天我喝到 Show 的 Old Fashioned 以 Russell's 波本威士忌爲基底，搭配上葡萄柚苦精，具有一股溫和複雜的柑橘調性，是一杯值得認識老石上的經典酒款。

桃園在地老牌雞尾酒吧

**謝仁瑜 Nas**

1995.07.21

調酒年資
5

**No Need to Be Silent**

45mL Old Virginia Bourbon
Whiskey
22.5mL Joseph Cartron Banana
Liqueur
7.5mL Joseph Cartron Triple Sec
15mL Fresh lemon juice
22.5mL Homemade verbena
syrup
Garnish: Orange peel
Glass: Coupe
Method: Shake

陸小曼是桃園在地老牌的雞尾酒吧,以古典中式風格的裝修,與開到深夜的營業時段,在桃園地區眾多酒吧中可以說是獨樹一幟。老闆祝哥自承接陸小曼以來已經過了十二個年頭,隨著雞尾酒文化的演變,不變的是,持續去探索雞尾酒,更新酒單,給消費者最佳的體驗。

店長小黑出身新北,在當完兵後受到調酒社學長的邀約,來到中壢展開調酒師職涯。Silent Third 在小黑手上,做了些有趣的改編,加入香蕉利口酒與自製香草糖漿,也配合中壢消費者的口味,稍微提高酸甜,讓沉默的第三者有了豔麗的新樣貌。

## 法國頂級香甜酒約瑟夫‧卡騰

Joseph Cartron

卡騰香甜酒起源於 1882 年，至今已有超過 140
年的製酒歷史，酒廠位於法國勃根地，目前擁有
超過 50 種不同的口味並於全球超過 50 個國家銷
售。同時，卡騰香甜酒也產出世界上第一款由法
國勃根地（Pinot Noir & Chardonnay）製成的
Vermouth。

酒廠堅持使用新鮮水果經過 Infusion（浸漬法）
或 Distillation（蒸餾法）萃取最原始的天然風
味，爲了產出高品質的香甜酒，特地選用更接近
無色無味的中性酒精，採用白甜菜根進行發酵、
蒸餾。

卡騰香甜酒被全球調酒師視爲最頂級的材料之
一，在台灣亦是品牌識別度最高的香甜酒，透過
瓶身的獨特設計與獨角獸的王冠標記，展現出當
代文藝復興的藝術氣息。

河畔旁的寧靜酒吧

陳漢彣 奈特

1989. 12. 14

調酒年資
6

Penicillin

45mL Johnnie Walker Black Label
5mL Lagavulin 16yo
20mL Lime juice
10mL Honey
1 barspoon Ginger
1 barspoon Ardbeg on top
Garnish: Ginger slice
Glass: Rock
Method: Shake

中壢的老街溪旁，有著許多充滿特色的酒吧與咖啡廳，而處於民宅地區的柚子庵，是喜歡寧靜雞尾酒吧風格的酒客不容錯過的一站。店名的意境爲，在繁忙的都市生活中一處靜謐的小草庵，卽便一個人也能放鬆，怡情但不縱情的舒適小空間。

少少的吧檯座位，提供著無酒單的精緻雞尾酒服務，對於冰塊的堅持，讓雞尾酒得以維持極高的品質。店裡也有提供簡單的小食，吃點簡單的下酒食物，很像回到家的感覺。

不同於一般的 Penicillin，奈特使用現磨薑泥，使得酒液在平衡而銳利的酸甜中帶出飽滿的辛辣感，並以經典 Johnnie Walker 黑牌與 Lagavulin 16 年的組合，賦予整體均衡的煙燻泥煤調性。

航空城裡的小酒館

李宇軒 Leonard

1997. 03. 06

調酒年資
4

Pisco Sour

45mL Viñas de Oro Pisco
15mL Simple syrup
22.5mL Lime juice
15mL Egg white
1 dash Saline
5 drops Angostura Bitters
Garnish: Bitters
Glass: Martini
Method: Shake

位在桃園南崁的 Old vibe bistro，如同店名，是間具有懷舊風情的酒吧，當初開店因為預算有限，全部的裝潢皆為 Leonard 純手工打造，營造出想要的氛圍，雖在疫情最嚴重時開幕，最終仍堅持下來。

Leonard 發展出一系列以茶風味為主題的特調雞尾酒，如果不想喝酒時，這裡也提供茶與咖啡，讓南崁的夜晚一點都不無聊。

Pisco Sour 是秘魯與智利人的國民酒精飲料，在 Pisco 的選擇上，Leonard 選用了來自秘魯的 Pisco Viñas de Oro，以傳統的壺式蒸餾法，帶來奔放的清香花果調性，綿密口感，讓人兩三口就在無意之間喝完一整杯 Pisco Sour。

# 新竹

新竹是近年雞尾酒市場成長最快的區域之一，坐擁科技業發展的優勢，使得這個城市擁有極佳的投資潛力，吸引許多台北的調酒師與投資客進入此區經營。

新竹在酒吧聚落的發展上也有其隱憂，雖然擁有高收入與人口密度的優勢，但因為在地理環境上，除了因頭前溪南北分割為新竹與竹北，又因高速公路被切割成東西兩塊，致使新竹的酒吧分散在四個區域，在跑吧移動的距離上比較遠。

隨著許多待過台北的調酒師到新竹開店，新竹的雞尾酒水平快速提升，在樣貌上也有更多變化，尤其出自台北 East End 及 Sidebar 的多位調酒師，都有非常細膩的調酒手法。

紳士般的燕尾服

廖友仁 Aaron

1990. 05. 19

調酒年資
4

**Tuxedo**

45mL Genever
10mL Dry vermouth
10mL Fino sherry
7.5mL Luxardo Maraschino
3 dashes Orange bitters
10 drops Angostura Bitters
5 dashes Absinthe
Garnish: Maraschino cherries
Glass: Martini
Method: Stir

*Don't put the garnish into the cocktail.

歷史上以 Tuxedo 爲名的雞尾酒有很多杯，據 Aaron 稱，他的版本是有記載以來的第三個版本，出自《Drinks as They Are Mixed》。和前面版本不一樣的地方，在於多了 Fino 雪莉酒在其中，讓整杯酒帶點優雅的堅果香氣。

Aaron 的 Tuxedo 在原有基礎上作了一點改編，以帶有香料感的荷式琴酒爲基底，適量減少艾碧斯的使用量，搭配 Tio Pepe 雪莉酒，在精準容量的表面張力之下，帶有洗鍊集中的風味，是一款紳士般的美味燕尾服。

喜愛琴酒的 Aaron 經過琴酒吧 Sidebar 的磨練後，回到新竹開設屬於自己的選物酒吧，他將喜歡的烈酒擺上架子，如果喝到偏好的酒款，也可以委請店家代爲訂購，是探索烈酒世界的好所在。

棲息花店的溫柔叢林鳥

王主維 Vic

1986. 11. 11

調酒年資
10

**Jungle Bird**

50mL Bacardi Ocho
30mL Pineapple juice
15mL Campari
20mL Lime juice
10mL Simple syrup
Garnish: Charred dried
pineapple slice
Glass: Rock
Method: Shake

InBush 是 Vic 開設的隱藏式酒吧，外面是實體花店。白天花店裡隱藏著咖啡店，到了晚上，則搖身一變，成為新竹地區最專業的雞尾酒吧之一。

對我而言，如果調酒師該具有什麼樣的面貌，Vic 是我腦海裡浮出的第一人選：溫文儒雅中夾帶著幽默風趣，懂得觀察消費者，且自我要求很高，時刻充實著自己。

Vic 版本的 Jungle Bird 跟原版沒有太大的變動，使用新鮮鳳梨汁，透過細膩的日式搖盪手法，展現出綿密的口感。另外值得一點的美食是加了三種酒的提拉米蘇，絕對是讓人胃疼（熱量與胃食道逆流的敵人）卻又嘴饞的美味搭配。

初心不改的夏日風味

王主維 Vic

1986. 11. 11

調酒年資
10

One Summer's Day 2021

30mL 香の雫
30mL White wine
30mL Pineapple fermented
broth
20mL Lemon juice
10mL Jasmine syrup
Some Honey
Garnish: Lemon peel
Glass: Coupe
Method: After mixing, inject CO2.

爲了在追尋雞尾酒的道路上更上一層樓，Vic 選擇離開新竹，到當時由上野秀嗣任顧問的 East End 發展。而 One Summer's Day 正是 Vic 到台北扎根學習後，爲 East End 設計的第一款雞尾酒，隨著回到新竹開店、發展，Vic 也沒有忘記初心，將這款伴隨他成長的酒放上酒單。

因爲其中使用了發酵鳳梨作爲材料，所以這也是一款隨著材料改變風味的雞尾酒，然而豐富的層次卻不曾改變。這是代表 Vic 調酒師初心的一杯酒，我想，這杯酒會在 inBush 的酒單上待很久。

此外，inBush 酒架顯眼處，放著上野秀嗣與其師傅岸久在 East End 的合照，紀念那些在台北求知成長的時光，彰顯 Vic 不忘本的調酒師之道。

蛋糕上的紅櫻桃

**林育弘 Mars**

1989. 01. 27

調酒年資
5

**Amaretto Sour**

40mL Disaronno Amaretto
25mL Maker's Mark
20mL Fresh lemon juice
10mL Simple syrup
30mL Pasteurized egg white
1 dash Angostura Bitters
Garnish: Orange peel
Glass: Coupe
Method: Shake

'It's better to use Maker's Mark
Cask Strength Bourbon Whisky!

Amaretto Sour 是十分輕鬆易飲的一款酒，這杯酒在 70 年代的 Disco 文化中流行過，隨著近代雞尾酒的復甦，又重新被提及，並以更細膩的面貌回到調酒師的必備經典清單之中。

原本 Mars 在日式酒吧學習到的版本，補了一點帶點泥煤味的 Talisker 單一麥芽威士忌，但有一次他跟外國客人討論起來，覺得波本威士忌帶有的香草調性，更搭杏仁酒，自此便調製這個版本至今。

雖說 Amaretto 是杏仁味的利口酒，不過隨著飲者的五感差異，會在其中品嚐出不同的感受。Mars 調製的 Amaretto Sour，喝起來有如蛋糕上的櫻桃，像是沾點鮮奶油的紅櫻桃，放入口中滑順的甜點感受。

這也是 Mars 的風格，在嚴謹細膩的手法之下，調製出隱藏酒精感、迷倒女性消費者的雞尾酒。而 Bar Neat 就如同美東風格的秘密酒吧，當你找到隱密低調的入口，推門而入後，就能找到 Mars 那獨具個人特色的美味調酒。

誰說馬丁尼都很嚴肅

**林育弘 Mars**

1989. 01. 27

調酒年資
5

Porn Star Martini

45mL Vanilla flavored vodka
15mL Passion fruit liqueur
20mL Passion fruit puree
15mL Fresh lime juice
15mL Simple syrup
45mL Moscato sparkling wine
Garnish: 1/2 cup passion fruit
Glass: Martini
Method: Shake

由 Douglas Ankrah 創作的當代經典雞尾酒，由於其充滿記憶點的酒名，使得 Porn Star Martini 在各國都是網路雞尾酒搜索排行榜前幾名。雖然在網路上知名度極高，不過在台灣仍算是一杯罕見的雞尾酒。

Mars 表示，台灣的調酒多以日式經典爲導向，反而對歐美國家流行的現代經典調酒認知比較貧乏，他自己第一次受到調酒震撼是在澳洲，風格與台灣大相逕庭，從此愛上那種熱情奔放、輕鬆的感覺，並試著分享更多當代歐美經典。

在台灣，我喝過數次 Porn Star Martini，不過鮮少有店家附上氣泡酒提供完整的飲用體驗。Mars 所調製 Porn Star Martini 甜度飽滿，在百香果與香草的風味撞擊下，帶出類似乳酸飲料的口感，在氣泡酒上選用 Moscato D'Asti，有著更加活潑的感受，兩款截然不同酒液的搭配組合，交互著喝，別有一般風味。

# 苗栗

———

苗栗目前雖然有少許的現代雞尾酒吧，然而受限於市場規模與消費取向，
精緻程度有待提升。

受惠於國內科技產業持續地發展，在頭份與竹南地區，有一些提供調酒服
務的餐酒館；而苗栗市則有些老牌酒吧有著很好的生意，聯合大學旁邊也
有以學生族群爲主的酒吧，提供平價的雞尾酒。

落地生根的開拓者

蔡宗穎 Joint

1995. 07. 23

調酒年資
2

**Orange Gin Fizz**

60mL Lubuski Gin Bitter Orange
30mL Fresh orange juice
15mL Lime juice
15mL Simple syrup
5g Sugar
Soda on top
Garnish: Orange peel
Glass: Collins
Method: Shake

心湖的宗穎與小秉原都是聯合大學的學生，經歷求學階段，與這座城市培養出感情，於是選擇在此落地生根，開設苗栗地區第一家專業的雞尾酒吧，溫馨的小空間裡，熱情地招呼每一位走進心湖的客人。有別於苗栗多數酒吧，心湖也是少數禁菸的飲酒場域。

Orange Gin Fizz 以 Gin Fizz 作為改編，使用柳橙風味的琴酒，加入現榨柳橙汁。相較於原版 Gin Fizz，Orange Gin Fizz 在橙黃酒液中，保留原本爽口的氣泡感，但又多了一層溫和的質地，是一款非常耐喝的改編雞尾酒。

台中

———

因爲多年前的一場大火，在台中經營酒吧需要面臨嚴峻的法規規範，然而隨著時間的遞移，台中重新找回了酒吧發展的能量。

這幾年台中的酒吧蓬勃發展，並展現多元的面貌。除了許多外縣市的調酒師來台中發展之外，不論是夜店型態的空間、飯店裡的雞尾酒餐酒空間，抑或是各種面貌的雞尾酒吧型態，都讓消費者有足夠多的選擇。

融合台灣味的新加坡司令

陳佳秀 Summer

1992. 10. 26

調酒年資
4

林珧存 Darren

1985.08.07

調酒年資
16

**Vender Sling**

60mL Naked Malt
90mL Pineapple juice
20mL Peated umeshu
20mL Port wine
20mL Lemon Juice
10mL Orange bitters
Garnish: Dehydrated pineapple
slice & Mint sprig
Glass: Collins
Method: Shake

曾在新加坡工作、有爽朗笑聲的 Summer，在異國遇到自己的伴侶 Darren，一起回到台中，開設了帶來歡笑的酒吧 Vender。Summer 在新加坡時期，曾多次站上國際雞尾酒大賽舞台，兩度贏得世界冠軍。

Vender 以具創意性的立體風味酒單，帶給人深刻的第一印象，然而若說什麼調酒最能代表 Summer 及 Vender，莫過於 Vender Sling。伴隨著 Darren 與 Summer 兩人的新加坡經驗，重新解構 Singapore Sling，以土鳳梨搾汁，搭配台灣產煙燻梅酒，帶出複雜的酸度，具深邃延綿的果香，與杯口薄荷帶來清爽的香氣相呼應。

除了帶有濃郁果香的 Vender Sling 店裡以單杯販售外，店裡也有另一個版本的 Singapore Sling，用作招待店裡客人的迎賓飲料，這個版本較為輕鬆，各有優點，都值得推薦品飲。

尋酒客的蜜與奶之地

黃俊維 Ira

1984. 11. 14

調酒年資
12

**Blood & Sand**

40mL Johnnie Walker Black Label
10mL Talisker 10yo
25mL Fresh orange juice
20mL Heering Cherry
20mL Antica Formula
Garnish: Orange peel
Glass: Coupe
Method: Shake & Double strain

Blood & Sand 沒有檸檬汁，卻要作出平衡的口感，是調酒師不容易面對的雞尾酒類型。調製 Blood & Sand 有兩個重點，一是選用進口、帶有些微酸度、口感飽滿的香吉士，二是針對想呈現的風格挑選香艾酒與蘇格蘭威士忌。

酒名來自西班牙同名小說，關於愛情與鬥牛的故事，充斥著一點火花與煙硝味，因此 Taco 選擇使用帶有煙燻調性的 Talisker 10 年威士忌，搭配帶飽滿甜度、微酸的香吉士，Vermouth 使用的是甜度較高、帶有香草風味的 Antica Formula，整體的口感飽滿扎實，卻又不會膩口，是我喝過感受最佳的 Blood & Sand。

**黃煜翔 Mic**

1989.01.07

調酒年資
7

### Flying Frenchman

30mL Vanilla Vodka
15mL Absente Absinthe
Refined 55%
30mL Kahlúa
60mL Espresso
15mL 1:1 Simple syrup
Garnish: Coffee beans
Glass: Coupe
Method: Shake

隱藏在地中海餐廳二樓的秘密酒吧，有著 Mic 對調酒充滿執著的職人味。

Flying Frenchman 是一款當代雞尾酒，原始配方出自 2014 年倫敦的調酒師 Andy Mil，使用等比例的艾碧斯、咖啡利口酒與義式濃縮咖啡，補上平衡酒體的甜度。在精緻咖啡和雞尾酒文化蓬勃發展的現代，頗有致敬 Espresso Martini 的意味。

爲了更貼合台灣人的口味，Mic 在配方上做出了調整，減少艾碧斯的比例並改採用香草伏特加；針對濃縮咖啡，Mic 則認爲在 Espresso Martini 誕生的上世紀 80 年代，義式濃縮的風味不如當代精緻，因此事先萃取濃縮咖啡保存於冰箱，模擬復古的風味。

酒單上另一杯同樣採用香草伏特加的甜點酒也很精彩，使用西班牙香草利口酒 Licor 43 與義大利檸檬餐後酒 Lemoncello 搭配植物性鮮奶油，酒材的選用上呼應了一樓的地中海料理，口感飽滿略帶微酸，是嗜甜的酒客不容錯過的一款飲品。

點亮台中的餐酒館

**劉權震**

1995. 12. 16

調酒年資
7

Manhattan

60mL Rittenhouse Rye
Whiskey
20mL Cocchi Vermouth di
Torino
4 dashes Angostura Bitters
2 dashes Angostura Orange
Bitters
Garnish: Luxardo Maraschino
cherry
Glass: Coupe
Method: Stir

Matches 以賣火柴的小女孩故事中，小女孩點亮火柴就能感受到無比溫暖為寓意，自期能成為那道溫暖人的火焰。作為台中雞尾酒餐酒館的先驅之一，Matches 無論在餐點或者雞尾酒上，表現都相當亮眼。

Matches 現行酒單，是權震以疫情中的旅行幻想為出發，設計以城市為名、環遊世界的現代技法雞尾酒。雖然酒單上沒有經典雞尾酒，但是在台中，內行酒客都知道可以直接向 Matches 的調酒師點酒，皆有一定水平。

權震的 Manhattan 以 Rittenhouse 裸麥威士忌，搭配 Cocchi Di Torino 甜香艾酒，並以 50% 酒精度的裸麥威士忌為基底，甜度稍低，帶有香草、堅果的香氣，尾段有點紅色莓果的尾韻。裝飾物則使用 Luxardo 的酒漬櫻桃，扎實口感搭配濃烈酒液，在口裡形成完美的平衡。

困難時光裡的無畏堅持

**許凱閎 Dan**

1979. 12. 07

調酒年資
23

**Hanky Panky**

45mL No.3 London Dry Gin
17.5mL Carpano Antica Formula
7.5mL Fernet Branca
2mL Regan's Orange Bitters
Garnish: Orange peel
Glass: Martini
Method: Stir

在阿拉大火之後，台中的雞尾酒文化發展可說是十分困難，除在法規上受到公家機關的百般調難，民眾對於酒吧文化也存在歧見，而 Bar Dān 在當時，可以說是沙漠中的綠苗，不僅在困難的環境中開業，並堅持做著各式老派經典雞尾酒。

Dan 小時候跟一般小孩很不一樣，從小就喜歡苦味，有一次因為肚子疼，奶奶拿正露丸給他吃，結果就瞞著大人偷偷吃了快半瓶。Dan 一直喜歡苦味直到現在，對他而言，Fernet Branca 就像是正露丸，強烈苦味搭配醒腦的草本調，還有那悠長餘韻，Hanky Panky 也就成了 Dan 最愛的雞尾酒之一。

Dan 總是酷酷地調製著雞尾酒，但絕對不馬虎，即使台中雞尾酒這兩三年的蓬勃發展，Bar Dān 仍然是那家到訪台中必須一訪的老派雞尾酒吧，在寧靜昏黃的氛圍裡，靜靜品味屬於自己的時光流動。

* 阿拉大火又稱傑克丹尼夜店火災，發生於 2011 年，不僅造成慘重傷亡，台中酒吧文化的發展也因此受到影響。

英美混血的提基雞尾酒

王家茂 王威廉

1985.10.10

調酒年資
17

**London Sour**

50mL Cutty Sark Blended
Scotch Whisky
30mL Fresh lemon juice
20mL Fresh orange juice
20mL Homemade vanilla syrup
Egg white liquid
Garnish: Lemon verbena,
Mt. lemmon marigold,
Charred lemon wedge
Glass: Collins
Method: Shake

London Sour 是經典 Tiki 酒吧 Trader's Vic 第一次到倫敦展店所設計的雞尾酒，是款具有傳統 Tiki DNA 的架構，結構簡單、名字通俗的順口長飲。這是少數以蘇格蘭威士忌爲基底的 Tiki 雞尾酒，使 London Sour 在調酒歷史上得以留名。

這杯酒是我第一次看到台灣調酒師將其刊上酒單，可見威廉之用心。在他手中，展現出不同於傳統 Tiki 調酒的細膩個性，甜中帶酸的口感，充分展現蘇格蘭威士忌的木質調性。杯口的炙烤檸檬帶出煙燻香氣，搭配橄欖解膩，是款到 DRINKTOPIA 不可錯過的經典酒款。

# 靜謐日式專業酒吧

張傑淋 A Jei

1993. 11. 21

調酒年資
5

**Horse's Neck**

45mL Hennessy V.S.O.P
5mL Orange juice
80mL Fever Tree ginger beer
Garnish: Lemon peel
Glass: Collins
Method: Build

Bar 齋藤是由日本調酒師所開設的雞尾酒吧，靜謐的酒吧空間裡，僅提供著吧檯座位，這裡的服務體驗非常日本，除了依季節提供不同溫度的擦手毛巾，也有收取小額入席費，並提供合適的小點搭配。店裡亦有販售現切伊比利火腿與一些日本酒吧會出現的食物。除了經典雞尾酒外，也有日本風格的水果雞尾酒。

A-Jei 是從 Bar 齋藤開店就開始於此服務的調酒師，這天我點用了一杯 Horse's Neck，調酒師從環切檸檬皮開始，搭配合適的白蘭地與薑汁汽水，並以洗鍊大冰製作著 Horse's Neck。Bar 齋藤在中台灣可以說是唯一如此到位的日式經典雞尾酒消費體驗，值得一訪。

\* 入席費是指每個人入門消費都會收取的座席費用，有點類似服務費，通常都會搭配少量的下酒小點。

酒精綠洲與臨別一語

**楊哲浩 浩子**

1987. 11. 11

調酒年資
8

**Last Word**

40mL Dry gin
15mL Chartreuse Verte
15mL Luxardo Maraschino
20mL Lime juice
Glass: Martini
Method: Shake

Last Word 是一杯經典的等比例雞尾酒，然在二十世紀下半卻消失得無影無蹤，直到 2005 年，西雅圖調酒師 Murray Stenson 在 Ted Saucier 的《Bottoms Up》一書中挖掘出來，並將其放上 Zig Zag Café 的酒單。這款酒很快地取得巨大的成功，先傳播至紐約，進而改寫全世界的雞尾酒酒單。

在浩子手上，他翻玩比例，以調整過的風味結構，重新詮釋 Last Word，稍微降低了酸甜感，但仍保有完整的 Last Word 印象。浩子總是熱情的款待每一位到訪舟舟的客人，在幾年前，台中還沒有這麼多雞尾酒吧，所以我也稱舟舟為台中的酒精綠洲。

Last Word 簡單的架構，讓現代調酒師創作出許多當代經典，其中像是 Paper Plane、Naked & Famous 與 Final Ward，另一款我很喜歡的改編則來自現居於澳洲的 Owen Westman 創作的 Laphroaig Project。

台中高質感餐酒體驗

**顧炬長 Joe**

1991. 02. 25

調酒年資
9

Daiquiri

45mL Saint James Impérial
Blanc Agricole Rhum
25mL Lime juice
15mL Simple syrup
Glass: Martini
Method: Shake

位在台灣大道上的 Puzzle-cuisine，是台中老牌雞尾酒餐酒館，低調奢華的裝修，以及舒服慵懶的沙發座位區，使這裡到了假日總是一位難求。除了讓人想要發懶的舒適體驗，從一開店，就以扎實的雞尾酒功力與美食，擄獲眾多客人的口味。

Joe 調製 Daiquiri 使用的是馬丁尼克島的農業型蘭姆酒 Saint James，因為有別於工業型蘭姆酒的蒸餾與生產方式，保有更多甘蔗所帶來原始濃郁的風味，在搭配餐點時，比起傳統的 Daiquiri，這樣帶有熱帶氣息的 Daiquiri 更適合佐餐時飲用。

## 聖詹姆士蘭姆酒

Saint James Rhum

聖詹姆士蘭姆酒是世界銷量第一的農業型蘭姆酒
（Rhum Agricole），是在馬丁尼克島起源的農
業型蘭姆酒，至今已經超過 250 年的歷史。

聖詹姆士來自加勒比海東岸的小島法屬馬丁尼克
島，甘蔗栽種的方法符合嚴格的規範，同時保持
了生態平衡，並符合法國 A.O.C 法規所製作；生
產過程是先將甘蔗汁發酵，然後使用單一柱式的
連續蒸餾器 (Creole still) 蒸餾，這種蒸餾方法是
A.O.C 馬丁尼克蘭姆酒所採用，使得聖詹姆士蘭
姆酒具有複雜香氣，略帶微微果香，非常適合在
橡木桶中陳化，並且不添加甜味劑。

### 小知識：

什麼是農業型蘭姆酒（Rhum Agricole）？
全程只使用「純甘蔗汁」製成的蘭姆酒，並且只能
使用單柱式連續蒸餾器進行蒸餾。

什麼是法式 A.O.C 蘭姆酒？
A.O.C（Martinique-Appellation d'Origine
Contrôlée）是經地理標示認證，也是世界上歷
史最悠久、嚴格且具有公信力的蘭姆酒法規。

無酒單的硬派實力經典

**董榮坤 Calvin**

1985. 04. 18

調酒年資
7

Treacle

45mL Diplomatico 12yo
30mL Treetop Apple Juice
5g Sugar powder
2 dashes Angostura Bitters
Garnish: Orange peel
Glass: Rock
Method: Stir

隱藏在米其林牛肉麵後的閣樓小酒吧，由 Elvis、Calvin 與 Chris 共同擔綱。雖然因爲疫情，牛肉麵目前搬往台北，但仍然值得爲了美味的經典雞尾酒特地前往。

Treacle 這杯酒，是由英國傳奇調酒師 Dick Bradsell 於 1980 年代所創作，在台灣我喝過幾次，但一直到我喝過 Calvin 的版本後，才知道它存在的意義與美味。Calvin 使用帶有甜度的 Diplomatic 12 年作爲基底，口感柔順飽滿，帶有細膩、來自蘋果的酸度與木質香氣，是令人十分驚豔的一款當代經典

另外推薦 Calvin 的 Honeymoon，使用法國諾曼第蘋果白蘭地，沒有使用蜂蜜，卻透過其中的 Bénédictine，帶來具蜂蜜氣息的細膩香氣。這些來自 Calvin 調製的雞尾酒，都具有與他個性相符、溫柔飽滿的調性。

時光流動裡的蜜香

張佳益 Elvis

1987. 11. 14

調酒年資
10

**B&B**

45mL Rémy Martin V.S.O.P
30mL Bénédictine
1 dash Bitters
Glass: Rock
Method: Stir

跟貓王有著同樣英文名字的 Elvis，是天生的明星調酒師，當他站進好吧的吧檯，就像搖滾明星掌握著舞台節奏，讓整間店的氛圍恰到好處，尤其每次觀看 Elvis 流暢地調製雞尾酒，都會想像自己動手調酒的樣子。

B&B 分別代表 Brandy 與 Bénédictine，最早是以 shots 酒的形式呈現，近代則是以加入冰塊的飲用方式爲主流。Elvis 以較長時間的攪拌混合兩種液體，讓白蘭地的木質調和果香，與 Bénédictine 的蜜質香氣充分混合，略帶甜度的酒液，會隨著融水增加，綻放出更多層次的風味。

* 貼心舉動：好吧的調酒師會在客人離開位子上洗手間或抽菸時，先將未喝完的雞尾酒冰到冰箱保持溫度，待回位子上時再將雞尾酒遞出。

# 彰化

———

肉圓與爌肉飯是很多人對彰化觀光的第一印象，不過談到夜生活，這幾年彰化市與員林市皆發展出令人驚喜的精緻小酒館，不論是在材料的選用上或者是調製手法上，都有不輸大城市的水平。

比鄰夜生活文化豐富的台中，則是彰化雞尾酒發展的另一個阻礙，我認識不少在地的彰化人，會偶爾選擇包車到鄰近的台中喝酒，但彰化的在地酒吧仍擁有一定數量的忠實客群。據說鹿港也即將有年輕調酒師計畫返鄉開店，期待更蓬勃的火花在這個有文化的城市發展。

不過不論哪個城市，堅持精緻品味的雞尾酒吧仍然是不易經營的，所以請給他們多多支持。

老派雞尾酒指南的起點

**黃建智 Hank**

1986. 12. 14

調酒年資
11

**Boulevardier**

75mL Jim Beam Devil's Cut
30mL Campari
15mL Dolin Vermouth Rouge
Garnish: Bitters
Glass: Rock
Method: Stir

Apple Hank 是啟發我寫這本書的重要起點之
一，當時 Flor de Caña 的品牌大使 Peter，邀請
台北的調酒師們，到他的家鄉彰化做一場酒吧串
連的活動，而由我負責在 Apple Hank 擔綱客座
調酒師。

我在活動前兩週拜訪了 Hank，為活動做事前的
準備，並且向 Hank 點了一杯酒，而那杯驚艷到
我的雞尾酒，正是 Boulevardier。恰到好處的風
味平衡，是調酒師多年經驗下來的結晶，對於酒
材選用與攪拌時間皆完美掌握，尤其那晶瑩切割
的鑽石冰，讓我在品飲的過程有著完美的體驗，
也就是這時候，我萌生要把各縣市好的雞尾酒介
紹給讀者的想法，謝謝 Hank。

# 馬丁尼茲與煙燻味

林建廷 Alex

1988.09.07

調酒年資
9

**Mezcal Martinez**

30mL Mezcal Derrumbes
60mL Dolin Vermouth Rouge
0.5 barspoon Luxardo
Maraschino
5 dashed Angostura Cocoa
Bitters
Glass: Snifter
Method: Stir

近代，隨著精緻雞尾酒的崛起，各種新興烈酒也掀起新的流行風潮，除了傳統的六大基酒，最受矚目的烈酒莫過於 Mezcal，國際上也出現很多以 Mezcal 改編而廣為人知的現代經典雞尾酒。

而酒號室長以 Mezcal 改編的 Martinez，善用了 Mezcal 獨特性格的鮮明風味，讓原本較為甜美的 Martinez 增添更多層次。到這裡，也可以試試看室長的 Sidecar，使用了 Cointreau 與 Grand Marnier 兩種橙酒，搭配馬爹利白蘭地，具有溫暖的橙香。

原本的酒號工作室專注於調酒，但擁有廚師靈魂的室長最近愛上料理，經由他手的啤酒炸雞美味地讓人欲罷不能，將啤酒加入醃料中的巧思，是絕佳的下酒小食。

* 六大基酒分別指伏特加、琴酒、蘭姆酒、龍舌蘭、威士忌與白蘭地。

在三合院酒吧裡聽小城故事

**林蕎毅 Joy**

1991. 02. 02

調酒年資
8

Pineapple Flying High

45mL 38° 黃金門高粱
45mL Pineapple vinegar
10mL Homemade lemon syrup
5mL Fresh lemon juice
Garnish: Dried pineapple slice
Glass: Rock
Method: Shake

Homemade lemon syrup

600g Sugar
400mL Water
85mL Fresh lemon juice
Method: 直火熬煮至 80-85℃，
冷卻後加入鮮榨檸檬汁即完成，
冷凍保存。

位在員林近郊平房裡的老樹咖啡，是店名看似沒有規則的文字拼湊起來的真實店名。Joy 在完成學業後回到員林老家，想凝聚地方的年輕人，所以一個以咖啡、酒吧為概念的地方創生空間就這樣誕生了。

Joy 白天有工作，並不以盈利為目標經營老樹咖啡。Pineapple Flying High 逆鳳高飛，結合了高粱與鳳梨醋調製，是代表老樹咖啡在地精神的一款雞尾酒。來到老樹，Joy 會不厭其煩的跟每個飲者分享在員林發生的各種大小事，對於試圖探索小鎮故事的旅者來說，這裡是最好的休憩站。

# 南投

雖然南投市與草屯鎮各有近十萬人口，可能因為靠近台中市的緣故，似乎沒有發展出較為精緻的雞尾酒文化，但仍有一些以在地客群為主，休閒性質的酒吧存在。埔里則因為得天獨厚的天然景緻，還幾年成了中台灣重要的觀光城市，也有暨南大學的坐落，有少許小而美的酒吧在此發展。

深夜裡的咖啡酒館

**傅泱港 小布**

1971. 02. 12

調酒年資
16

Godfather

60mL Highland Scotch Whisky
25mL Disaronno
Less than 1 tsp Fresh lemon
juice
Garnish: Lemon peel
Glass: Rock
Method: Stir

從咖啡店起家的布爾喬雅咖啡館，迄今已是第十九個年頭，充滿藝術氣息的小布，也就陪伴了客人這麼久。原本就是埔里人的小布，靜靜地陪伴這座寧靜小鎮與他的客人一起變老。從早期經營專業咖啡館，一直到後來逐漸轉型，成為了具有咖啡、精釀啤酒與雞尾酒的深夜咖啡館。

小布調製的 Godfather 有趣的地方是，跟美劇《絕命律師》正片中的調製方法一樣，額外榨擠了少許檸檬汁，加上皮油的香氣，使原本高酒精度、比較甜美的雞尾酒，有著巧妙的酸甜平衡，讓 Godfather 成為一杯具有溫柔情懷的新派詮釋。

# 小鎮裡的超迷你酒吧

**蔡緯毅 Dakis**

1983. 11. 14

調酒年資
4

## Ward 8

45mL Bourbon Whiskey
15mL Lemon juice
15mL Orange juice
1 tsp Grenadine
Garnish: Orange peel
Glass: Martini
Method: Shake

身為雲林人的 Dakis，經歷了新竹與台北的飄蕩，最後選擇與另一半回到埔里展開新生活，接手老闆娘妹妹經營的迷你酒吧。

老闆 Dakis 的名字源自泰雅族語，是另一半媽媽給的名字，因為這樣的緣分，讓他在埔里落地生根。為了維持這個室內 僅有四個位子的迷你酒吧，於是 Dakis 在白天跑外送，晚上開店營業，招呼著忠實的消費者。

Ward 8 是一杯不常見的冷門經典，源自 19 世紀末波士頓的 Locke-Ober Café。能在這樣一間小小的雞尾酒吧，看見調酒師堅持冰杯與選用大冰，調製一杯美味經典，讓是夜的我感受到無比暖心。

Harry Johnson

1845-1936

雲林

雲林主要的雞尾酒吧都在斗六地區。在花蓮深耕多年的艾澤船長，選擇回到斗六，將原本艾澤拉斯小酒館的基礎帶往雲林，在寧靜的住宅區旁，開設風格混搭的雞尾酒吧。除了艾澤小酒館外，老闆不在也是另一處值得到訪的酒吧，阿庭充滿創造力的雙手，讓雞尾酒成了充滿驚喜的作品。

虎尾地區也有一些酒吧正在萌芽，雖然仍說不上成熟，但相信不遠的未來這裡也會有精緻雞尾酒吧的誕生。

現在老闆每天都在

**陳建庭 Ting**

1990. 10. 10

調酒年資
5

Algonquin

60mL Copper Dog Whisky
20mL Martini Extra Dry
30mL Pineapple juice
10mL Syrup
10mL Lemon juce
10mL Honey
1 drop Sea salt solution
Garnish: Dried pineapple
Glass: Coupe
Method: Shake

位在雲林斗六的 Boss is not here 老闆不在，是此地區第一家主打精緻雞尾酒的酒吧，因爲阿庭發覺下班後的斗六找個安靜舒服的空間並不容易，於是決定自己跳下來開店。

有趣的店名來自阿庭一開始身兼兩職，同時從事餐飲工作，並兼職開設酒吧，時常不在店裡，這也就是店名的由來。直到生意日漸增長，阿庭才毅然全職投入調酒師的角色，並以做什麼就要像什麼的熱忱成功立足。

在我到訪的此刻，本季酒單上正好是以美洲城市命名的經典雞尾酒系列，如同來上一趟雞尾酒的公路之旅，從阿岡昆到邁阿密，再從內華達到墨西哥。阿庭的 Algonquin 使用新鮮的鳳梨汁，並在原本的材料基礎上增加了蜂蜜、檸檬與蛋白，平衡酸甜風味之外，也增加了綿密的口感。

十年一劍的梅人李你

**邱艾澤 艾澤船長**

1977. 10. 27

調酒年資
14

**Nobody Cares About You**

50mL Tanqueray
15mL France Prucia Plum
Liqueur
5mL Homemade plum sauce
1 tsp Grenadine
Garnish: Lemon peel
Glass: Rock
Method: Shake

**Homemade plum sauce**

自製醃梅子與大多蜜餞做法一
樣，只是在最後不加入糖，改加
入些許鹽巴，靜置兩個月自體發
酵後即完成。

Nobody Cares About You 梅人李你是艾澤拉斯
小酒館還在花蓮時，艾澤經歷辛苦創業第三年的
心情寫照，以 Vesper 爲概念作改編，一款濃烈
中帶有回甘的心情特調。每次客座，艾澤都會將
梅人李你上酒單，讓消費者能透過美味的調酒，
認識他本人的風格。這杯酒隨著艾澤征戰南北，
久而久之，梅人理你就成了消費者認識他的專屬
名片。

隨著艾澤將酒館從東台灣搬至雲林斗六，門口的
霓虹燈不免讓人聯想到 1988 年 Tom Cruise 電
影《雞尾酒》，不同的是，比起電影裡調酒的花式
風格，艾澤的雞尾酒帶點他個人獨具的幽默。

艾澤的用心，在梅人李你自製材料中也可以看到。
材料中的自製醃梅，與多數蜜餞做法相似，但在
最後階段只加入鹽巴不加糖，等待約兩個月的發
酵時間後才能取用，讓每一滴美味都需要堅持與
等待。

# 嘉義

從飲食文化的角度來說，嘉義是我最喜歡的城市之一，除了第一印象的火雞肉飯，白天的咖啡店、喫茶店，甚至是雞尾酒吧都蓬勃地發展起來，擁有充足的人文資源，是這座城市充滿魅力且值得期待其發展的因子。

嘉義酒吧巡禮最幸福的地方，就是跟台南中西區一樣，可以用步行的方式跑吧，店家的風格十分不同，有日式的經典酒吧，有主題性的 Tiki 酒吧與紅酒吧，加上 24 小時都吃得到不同特色的火雞肉飯，更是媲美台南牛肉湯的文化飲食組合。

除了嘉義市區，民雄也開始出現不錯的酒吧。整體而言，嘉義是一個讓人非常期待未來會有更多發展可能的城市，在這座城市裡的調酒師也都充滿朝氣與活力，積極與外縣市調酒師交流，持續探索雞尾酒的更多可能。

**吳振銘**

1993.05.03

調酒年資
8

Yukiguni

45mL Vodka
30mL Triple sec
7.5mL Fresh lime juice
7.5mL Meidi-ya My Lime
Sugar rimmed the glass
Garnish: Mint cherries
Glass: Martini
Method: Shake

在日本東北的小城裡，有位傳奇調酒師井山計一，堅持在自己的城市裡開一間小店，超過 60 年的時間裡，反覆調製著自創的 Yukiguni 這款雞尾酒。2019 年時我曾到訪這間酒吧，品嚐了美味的 Yukiguni。

而在嘉義，曾在東京威斯汀酒店擔任調酒師的振銘，開設了一間充滿日式風格的一人酒吧，並帶回日式寧靜細膩的服務。爲了還原 Yukiguni 這杯酒，振銘會定期從日本空運合適的日產萊姆汁與綠色糖漬櫻桃。

在服務著熱毛巾、寧靜恬淡的飲酒環境，品飲帶有細膩糖口與森林綠的雞尾酒，像極了一片殷綠中下著初雪的日本東北。考量台灣人的口味，振銘做了小小的改編，以新鮮手榨萊姆汁取代部分日產萊姆汁，口感上更加精緻酸爽。

井山計一在 2021 年 5 月 10 日以高齡 96 歲離世，當天正是秉森酒室在嘉義市設立的日子，振銘表示，希望可以替井山先生讓雪國流傳下去。

*Yukiguni 在日文裡意指「雪國」。

# 爵士音樂裡的慢靈魂

**李佳晉 小李**

1990.09.24

咖啡年資
11

Whisky Affogato

25mL Espresso
50mL Whisky Gelato
Garnish: Biscotti or Sablés
Breton
Glass: Rock
Method: Build

用咖啡、音樂與老物件，堆疊出值得慢慢體驗的品味空間。

慢靈魂的兩款 Affogato，分別在冰淇淋中加入了 Caol Ila 12 年單一麥芽威士忌以及蘭姆酒。也許這就是大人的浪漫，想吃點甜點，卻又不能太甜，於是佐上義式濃縮咖啡搭配；想來點威士忌，時間卻又太早，那這時候慢靈魂的 Affogato，就滿足了所有需求。

正如店名慢靈魂，Affogato 附上的美味餅乾、從頭製作的泥煤威士忌冰淇淋，搭配現壓義式濃縮咖啡，每一樣都是手工製作，充滿了職人的美味堅持。生活的步調本該如此，太習慣速食的飲食文化，遇到小鎮上充滿堅持的咖啡店，不由得感動萬分。

店裡的音樂，都是老闆精心挑選的黑膠與卡帶，可不只是單純的裝飾。也許時至興起，還能來上一份威士忌，是的，這裡也有販售單杯威士忌，滿足調皮的大人味。

*Affogato 原意是淹沒，形容被香醇咖啡淹沒的冰淇淋，將義式濃縮咖啡澆淋上義式冰淇淋。

市場裡的雞尾酒奇遇

**邱至德 阿德**

1997. 01. 06

調酒年資
6

**Alexander**

30mL Seekers Dry Gin
30mL Concentrated Marie
Brizard White Cacao
30mL Cream
Glass: Coupe
Method: Shake

**Concentrated Marie
Brizard White Cacao**

取出半罐可可酒，將其煮至酒液
揮發到原先液體量的二分之一，
再倒回原容器，與另外半罐酒液
混合後即完成。

隱身在民雄的傳統市場當中，需要帶點好奇心，穿過晚上已經休息的市場，才能找到這個通往舊時空裡，時光緩慢流動的酒吧。

求學階段的阿德，因為校區臨近民雄，在生活上便與中樂市場產生情感上的連結。隨著公家機關希望改建這個從日據時期就已存在的老市場，阿德期待透過自身努力，將這個市場注入不一樣的活力，讓更多人看見中樂市場的文化價值，於是 Bar Door to The Past 就此座落在這寧靜的小城生活當中。

阿德的 Alexander 是經典的琴酒版本，使用泰國的 Seekers 琴酒，帶有香蘭葉自有的芋頭香氣，跟濃縮風味的可可酒與鮮奶油產生巧妙的結合，透過巧妙且有力的搖盪，打出綿密、帶有草本香氣的空氣感，如果沒有試過琴酒版本的 Alexander，那這杯一定是首選。

林益興 小柒

1992. 01. 27

調酒年資
5

**Bamboo**

75mL Tio Pepe Fino
22.5mL Noilly Prat Original Dry
1 tsp Noilly Prat Rouge
2 dashes Angostura Orange
Bitters
Garnish: Orange peel
Glass: Martini
Method: Stir

我在品味小柒調酒時，很喜歡他調酒裡的一致性，那是一種優雅充滿禪意的風格，所以具有日本風格的 Bamboo，是我覺得能代表 Bar Skitz 的一款經典。Skitz 的中文意指過門，像是一張專輯中，一首背景聲或交談聲等等之類的音樂，目的是讓專輯能傳達更完整的訊息。

小柒表示：「某種程度上，我認爲專輯裡的 Skit 跟酒吧的存在，在意義上有些雷同，在經歷一整天生活上的疲勞轟炸後，來到酒吧就像一天的生活播放到 Skit 的曲目一樣。」讓所有到訪酒吧的客人，可以得到短暫的眞正喘息。

比例以外，品牌的選擇與材料新鮮度對於 Bamboo 有著不小的影響。而在經歷無數次反覆嘗試之下，讓小柒最滿意的組合是 Tio Pepe 與 Noilly Prat Original Dry，小柒會先使用甜香艾酒涮杯增加層次，接著加入香艾酒具有的洋甘菊調性和雪莉酒的堅果香，帶出鮮甜的旨味。

**施義哲 小毛**

1985. 04. 22

調酒年資
12

Charlie Chaplin

30mL Hayman's Sloe Gin
30mL Joseph Cartron Apricot
Brandy
30mL Green lemon juice
1 drop Sea salt solution
Glass: Coupe
Method: Shake

爽朗海派的笑聲,是大部分人認識小毛的第一印象。當初沒有想過要以調酒師為職,誤打誤撞開設了酒吧,卻因為不服輸的精神,一股腦栽進雞尾酒的世界,並摸索出許多以茶為主題的特調。經歷十年的經營後,小毛買下屬於自己的店面,將規劃多年的酒吧藍圖付諸實現,比起舊址的溫馨,新址帶有更多金屬質地的細膩質感。

Charlie Chaplin 這款調酒出自禁酒令前的 Waldorf Astoria Hotel,是致敬當時最具代表性影星的同名雞尾酒。收錄於該飯店調酒師 Albert Stevens Crockett 於 1931 年出版的《Old Waldorf Bar Days》一書中。

卓別林是最能代表小毛的雞尾酒之一,一如過往的時光,除了將雞尾酒做到最好,他更重視讓客人開心地享受在酒吧裡的每一刻。

**郭宇翔 George**

1990. 08. 09

調酒年資
9

**謝孟東 Andy**

1989. 09. 13

調酒年資
7

El Diablo

45mL Sombra Mezcal
15mL Merlet Crème de Cassis
15mL Lime juice
Thomas Henry Spicy Ginger
Beer on top
Garnish: Dried orange slice
Glass: Collins
Method: Shake

C.O.P. 的全名是 Cocktails Of Pioneers，可見創辦人對於雞尾酒的熱愛與自信。C.O.P. 是由兩個喜歡雞尾酒的北返年輕人所共同創立，選擇回到嘉義，將喜愛的雞尾酒文化扎根至新的地方，店裡的設計混合了一點英倫古典感受。

El Diablo 原本是一款使用龍舌蘭的調酒，不同於使用傳統龍舌蘭（Tequila）的版本，在 C.O.P.，改使用了 Sombra Mezcal，讓整杯酒帶有煙燻及柑橘感，同時選用優質薑汁啤酒，整杯酒在偏甜之中帶有明顯的辛辣調性，跟 Mezcal 的煙燻形成巧妙的平衡。

*Mezcal 梅斯卡爾，一種同樣使用龍舌蘭植物製作的蒸餾酒，在製程跟選用龍舌蘭品種上都有差異。以往 Mezcal 被認為是比較差的龍舌蘭蒸餾酒，近十餘年來，隨著精緻雞尾酒的發展，具有獨特魅力的高品質 Mezcal 一躍成為調酒新寵兒。

Ada Coleman

1875-1966

# 台南

———

台南是西部最早風行觀光的城市之一，受惠於國內旅遊的蓬勃成長、居民的文化品味，以及高密度的大專院校，推升了精緻雞尾酒吧在台南的發展。

尤其以 TCRC 與阿翔帶頭的雞尾酒文化，十餘年來，孕育出許多優秀的調酒師，也成爲國際調酒師到訪南台灣的第一站，使台南成爲台北以外，唯一榮獲亞洲五十大酒吧殊榮的城市。如今阿翔更推展出 Bar Home 及 Phowa 兩家店，在競爭激烈的台南市場裡，仍一位難求。

台南作爲台灣的文化古都，許多酒吧不選擇大肆裝修，反而保留老宅的原有陳設韻味，創造出獨具特色的復古酒吧空間，已經成爲具有自己風格的「台南標準」。

挑高寬敞的醉漢聖地

吳承翰 小 K

1985. 06. 14

調酒年資
16

**Coffee Vieux Carré**

40mL Rémy Martin V.S.O.P
30mL Cinzano 1757 Rosso
15mL Bénédictine
30mL Coffee beans infused
whisky
Glass: Rock
Method: Stir

**Coffee beans infused
whisky**

將兩種咖啡混合豆（中深焙：鬼
咖啡配方，淺焙：日曬耶加）浸
泡在威士忌中，放置冷藏 12-18
小時後即完成。

傳統上，台南東區是單純的住宅區域，較少有雞
尾酒吧在此立足，隨著凱西雪茄館與 VIXIV 六・
十四俱樂部的設立，讓這區有了更多飲酒選項。
有別於刻板印象中的酒吧，昏暗擁擠、夾雜著人
聲的喧囂，VIXIV 六・十四俱樂部入口由整面落
地玻璃構成的挑高空間，搭配寬敞的桌距，讓飲
酒在這裡變成十分放鬆的享受。

VIXIV 六・十四俱樂部是個充滿小 K 靈魂的地方，
數字指的是他與哥哥的生日。來到這裡喝酒，要
特別注意自己的酒量，這裡的雞尾酒是「台南標
準」，每一杯雞尾酒的酒都足下份量，搭配與幽默
詼諧的小 K 開聊，無意間便會醉倒此處。

小 K 在 Vieux Carré 上做了些許改編，以威士忌
冷萃出咖啡豆的新鮮調性，爲了搭配咖啡威士忌，
調整了 Bénédictine 的用量，凸顯出肉桂及咖啡
豆本身的風味，酒感隱藏在無形之中，是認識小
K 及 VIXIV 六・十四俱樂部很棒的一款酒。

老宅裡的昭和酒香

胡智勝

1992. 06. 04

調酒年資
5

Million Dollar

45mL Gin
5mL Giffard Caribbean
Pineapple Liqueur
5mL Rosso vermouth
15mL Fresh pineapple juice
10mL Grenadine
20mL Egg white
3 drops Salt water
Garnish: 1/4 Dried pineapple
Glass: Martini
Method: Shake

位在中西區的巷弄內,有一間帶有昭和感的老宅,略微昏黃的空間裡,使用跳色的復古設計,磨石子地板與和室空間,酒單上也不乏以日本為主題的各式經典與創意調酒,彷彿回到 80 年代的日本家庭式小酒吧,恰好的桌距,讓這裡多了一些恬靜的隱居感。

智勝的 Million Dollar 使用產自日本的 Roku Gin,透過鳳梨汁、紅石榴與蛋白,搖盪出綿密的香醇口感。據信 Million Dollar 其中一個可能的起源,是在 19 世紀末,由 Louis Eppinger 於橫濱的 Grand Hotel 所創作。

在那個物資仍顯匱乏的創作年代裡,具熱帶果汁與綿密口感的飽滿雞尾酒,實屬難得。也許在那個貧困的年代裡,人人都有一個發財夢,點一杯 Million Dollar,能在酒吧短暫的微醺之中,想像成為百萬富翁之後的富裕生活。

春燕歸巢

**張元秋 Dan**

1990. 07. 30

調酒年資
11

### Espresso Martini

30mL Vodka
40mL Classic Rufous blend espresso
15mL Black sesame syrup
Garnish: Black sesame
Glass: Coupe
Method: Shake

Swallow 既是燕子，指歸巢返鄉發展的年輕人；Swallow 也指吞嚥，在這裡有好酒好咖啡，是個能開心暢喝的空間。

Dan 在台灣先後待過 Trio、Indulge，接著到新加坡，於亞洲最佳酒吧 Jigger & Pony 工作，他將完整的餐飲經驗帶回台灣，並找到現在的老宅空間加以改造，與團隊一起經營從白天開始的複合式場域。

Swallow Tainan 的 Espresso Martini 做了一點小改編，在咖啡的基礎上，搭配相性極佳的自製芝麻糖，堆疊出多層次的綿密口感，重點是這杯美味的 Espresso Martini，滿足到台南酒吧巡禮，需要解宿醉的眾多酒友一個白天的清醒空間。

在台南，要找到一間酒吧很容易，但是能在日正當中就開始喝上好喝的雞尾酒，現在 Swallow Tainan 同時滿足了上述兩個條件。

南台灣的熱帶島嶼風

**吳易庭 阿庭**

1983. 11. 22

調酒年資
17

### Navy Grog

20mL Saint James Impérial
Blanc Agricole Rhum
20mL Saint James Heritage
Rum
20mL Skipper Demerara Rum
30mL Grapefruit juice
25mL Demerara honey syrup
20mL Lemon juice
Soda on top
Garnish: Coleus amboinicus,
Pineapple leaves & Dried
grapefriut
Glass: Tiki glass
Method: Shake

### Demerara honey syrup

將蔗糖、蜂蜜、水以 1:1:1 的比例
混和均勻後即完成。

在台南善化地區，由於台南科學園區的興起，
逐漸拓展出不同類型的雞尾酒吧。而 RUMpy
Pumpy 是一間以蘭姆酒爲主題的酒吧，店裡收
藏許多蘭姆酒，加上阿庭喜歡雷鬼音樂，於是就
以 Tiki 雞尾酒吧爲概念，創造了這個空間。

除了酒單上的 Tiki 調酒，也可以直接詢問調酒師
更多品項的 Tiki 雞尾酒，阿庭向我推薦了 Navy
Grog，是起源於十八世紀，一種老派類型的 Tiki
雞尾酒，簡單以蜂蜜與果汁作爲酸甜的來源，當
飲用時可以明確體驗到蘭姆酒熱情的魔力。原版
本使用帶有特殊風味的牙買加蘭姆酒，阿庭以馬
丁尼克島的蘭姆酒作改編，使口感更加溫和。

陳期聖 Bala

1992. 07. 28

調酒年資
8

## 南台灣小瑪莉

30mL Mezcal
25mL Tomato juice
10mL The Bitter Truth Golden
Falernum Liqueur
10mL Marie Brizard Apry
Liqueur
5mL Dover Perilla Liqueur
20mL Lime juice
10mL Homemade spicy syrup
Garnish: Shiso leaves
Glass: Collins
Method: Shake

## Homemade spicy syrup

600mL Ginger beer
80g 東泉辣椒醬
20g 白兔牌烏醋
Method: 將上述材料混合後,
放入液體量 1.5 倍的糖, 加熱至
融化後即完成。

Bala 是我認識的年輕世代中, 對於風味創意掌握度非常高的調酒師, 所以我很享受坐在吧檯前, 體驗每一款他所設計出來的新創意。從 Bar TCRC 到 Phowa, Bala 從調酒師的身份, 增加了整個酒單設計與開發的責任, 但也因此, 把原本他充滿創意的雞尾酒才華充分釋放出來。

南台灣小瑪莉是我這份酒單喝到最喜歡的一杯, 以血腥瑪莉為基礎, 改編得更加清爽易飲, 當我透過與 Bala 開聊得知裡面的材料時, 架構簡單也非常好喝, 絕對有潛力成為未來的老派雞尾酒。

Bala 所設計的南台灣小瑪莉, 概念從台南是全台擁有最多廟宇的城市為出發點, 透過廟宇活動中充滿鞭炮的煙硝味為主題, 並以經典調酒血腥瑪麗, 結合南部著名水果小吃蕃茄切盤, 薑與醬油膏砂糖為沾醬特殊的吃法進行改編。

**姚妙鈴 妙妙**

1992. 07. 18

調酒年資
8

## Southside

45mL Gin
10mL Simple syrup
15mL Lime juice
Mint leaves
Garnish: Mint leaves
Glass: Coupe
Method: Shake

Phowa 是藏文中「意識能量的轉換及遷移」之意，象徵從 Bar TCRC 為基礎，在同樣美味的雞尾酒文化之上，與豐賀大酒家合作設計菜單，發展出全新的餐酒思維，所以酒單上的調酒考慮到佐餐的需求，相對起傳統經典雞尾酒，在平易近人的口感上，強調更多層次的香氣表現。

據聞 Southside 在禁酒令前後，因劣質琴酒的流通，而成為芝加哥地區的流行飲品。妙妙調製的 Southside 源自 TCRC 大家長阿翔的概念，使用手持式攪拌器，先將酒液與薄荷充分混合，使得整杯酒帶有些微辛辣的涼口感，在南台灣熱情的天氣之下，是十分搭餐消暑的一款雞尾酒。

老城區裡的世外桃源

李柏賢 Brian

1996. 11. 14

調酒年資
8

**Manhattan**

60mL Michter's Rye Whiskey
15mL Mancino Rosso Vermouth
1 dash Angostura Bitters
1 dash Regan's Orange Bitters
Garnish: Orange peel
Glass: Coupe
Method: Stir

Bar Alter 位在台南市東門圓環引道下，有一家於去年年底全新開幕的老宅酒吧，若不仔細找，一不小心就會錯過。這裡以傳統式的台南風格建築為框架，保有原本的風味，穿過碎石長廊，就能抵達前後棟的建築與露天中庭所構成的古意酒吧空間。

調酒師柏賢的 Manhattan 使用 Michter's 裸麥威士忌為基底，搭配 Manchino 甜香艾酒，拉高帶有獨特薄荷香氣的威士忌比例，整體風味十分奔放迷人，在台南老宅裡，來上一杯這樣的 Manhattan 十分沁人心肺。

## 酩帝詩威士忌

Michter's Whiskey

酩帝詩威士忌的傳奇，可以追溯至 1753 年，美國成立了第一家蒸餾酒廠，早於頒佈獨立宣言的時間。

作爲 100% 家族企業，秉承不惜一切成本，打造最好威士忌宗旨，酩帝詩從酵母選擇到發酵溫度，從蒸餾過程到木材選擇，烘烤燒烤兩道工序處理橡木桶，古法黃金低酒精度入桶，加熱陳年倉庫，定製冷凝過濾裝瓶，每個釀造環節都追求精益求精，最高品質。酩帝詩威士忌全部產品皆爲單桶或小批量限量生產，每批次不超過 20 桶。

酩帝詩作爲高端美國威士忌領軍品牌，被衆多威士忌鑒賞家稱讚。《美食美酒》雜誌評選酩帝詩爲「美國最好的威士忌」；2022 年酩帝詩榮獲全球最受尊敬威士忌排行版美國威士忌冠軍、全品類亞軍；2023 年榮獲 Drinks International 年度品牌報告最潮流美國威士忌冠軍、調酒師選擇大獎第二名。

宅邸裡的一抹花香

廖乙哲 阿廖

1990.09.29

調酒年資
11

White Jasmine

45mL Gin
15mL Cointreau
5mL Suze
15mL Lemon juice
Garnish: Lemon peel
Glass: Coupe
Method: Shake

甫入圍亞洲五十大酒吧百大名單的 Moonrock，
同樣是老宅改建的雞尾酒吧，呈現的是不同於以
往的典雅風格，以簡約的復古物件妝點空間，尤
其是挑高天花板的原生格飾，在原有的建築架構
上作基礎裝修，賦予宅邸全新生命力。

主理人阿廖在經歷豐富的花式調酒與 Bar TCRC
的歷練後，將扎實的經典雞尾酒與獨具風格的現
代調酒混合在 Moonrock 酒單中呈現，復古與創
新，碰撞融合在具新穎元素的老宅之中。

Moonrock 獨有的 White Jasmine，以經典雞
尾酒 Jasmine 進行改編，將原本的 Campari 置
換成 Suze，澄澈酒液中，帶有細膩的草本調性，
香氣充斥整個鼻腔。

如家一般的溫柔款待

**徐振豪 Woody**

1995. 01. 05

調酒年資
9

Sherry Cobbler

60mL Tio Pepe Fino
20mL Lime juice
13mL  Wasanbon syrup
2 dashes Angostura Bitters
Crushed ice
Garnish: Mint leaves
Glass: Collins
Method: Build

我在日本旅行時，偶爾會在住宅區裡尋獲輕鬆的小酒吧，像是位在奈良的中田洋酒亭，夫妻二人住在建物二樓，並將一樓打造成社區型的居家酒吧，提供著專業的酒類服務。

隨著台積電深耕台南科學園區，也帶動了善化地區的酒吧發展，而位於火車站前不遠之處 Baroom，是最早於此地區開設的酒吧。作為善化人，振豪想把那種去酒吧、悠閒的生活氛圍帶回家鄉，而他也確實做到了。振豪租下一棟公寓，二樓以上是日常生活及廚房使用，並與有藍帶學院經驗的廚師合作，在一樓的空間裡，打造出如家一般、放鬆飲酒的空間。

寧靜溫馨的小空間裡，振豪以 Fino 雪莉酒與和三盆糖，調製出輕鬆迷人的 Sherry Cobbler。和街坊鄰居一起聊上天，感受時光的緩慢流動，就像回到家一樣的自在感覺。也能坐上吧台，跟振豪一起討論各式特調，透過調酒師與店貓的陪伴，是非常適合下班後喝一杯的地方。

成大學區的小輕鬆

**王俊驊 驊驊**

1991. 10. 21

調酒年資
6

Alabama Slammer

40mL Sloe gin
15mL Amaretto
30mL Southern Comfort
40mL Orange juice
15mL Lime juice
Garnish: Dried orange
Glass: Rock
Method: Shake

Bar Whisper 位在台南市東區，明亮的空間環境，雖然店齡不長，卻已是成大學生口耳相傳的愛店，帶設計感的酒單也吸引了許多消費者前來朝聖。據驊驊所稱，因將 AHA Saloon 的 Kae 視為偶像，Bar Whisper 也成為台南唯一播放黑膠的精緻雞尾酒吧。

Alabama Slammer 是驊驊自己喜歡喝的酒，甜美的風味跟硬派酒名形成有趣的反差萌。以利口酒堆疊風味，源自於 Disco 時期的雞尾酒風格。這杯酒首次出現在 1971 年 Thomas Mario 的《Playboy Bartender's Guide》，在 80 年代快速地流行起來。

驊驊使用比較少見的 Barrister Sloe Gin，並在原始的酒譜上額外增添了檸檬汁平衡酸甜，口味上更貼近當代消費者會喜愛的細膩酸甜調性。

美味獨具的威士忌酸酒

**黃奕翔 阿翔**

1984.02.04

調酒年資
19

Talisker Sour

45mL Talisker 10yo
20mL Lime juice
25mL 白兔牌黑醋
6-7 dashes Angostura Bitters
3 tsp Sugar powder
Some Sea salt
Egg white
Glass: Martini
Method: Stir

作爲南部雞尾酒文化的拓荒者，從 Bar TCRC、Bar Home 到 Phowa，阿翔創作過太多經典的調酒。尤其從早期在 TCRC 喝著雞尾酒，點著外送到店的阿龐炭烤，在那個還沒有 Uber Eats 的年代，更是許多台南學生的飲酒回憶。

從妹酒到經典雞尾酒，阿翔都十分拿手，而他標誌性以 Talisker 調製的酸甜調酒，是我認爲能代表他特色的雞尾酒之一。從很早開始，阿翔就很大膽地採用各種素材來創作，這款調酒裡面使用了大量的白兔牌烏醋，與帶有煙燻味的單一麥芽威士忌巧妙地結合。

不論上述哪一間店裡，都能點到這款佔據 Bar TCRC 歷史一頁，也代表阿翔本人的雞尾酒，下次不妨試試這款道地台南味吧！

台南老宅混搭英倫風

**甘芸婷 阿紫**

1996. 09. 03

調酒年資
3

John Collins

75mL Talisker 10yo
20mL Lemon juice
2 tsp Sugar powder
Soda on top
Garnish: Lemon slice
Glass: Collins
Method: Shake

Bar Home 用古宅本身的風格特色為基礎，融入了點英倫風格，以深色木質調性為主，搭配古董傢俱，舒服地讓人有回到家的感覺，加上美味的食物，以及團隊扎實的調酒功力，使得這裡成為酒客台南必訪的一站。

在 Bar Home 的這一天已經喝了不少酒，最後一杯，阿紫推薦我喝 John Collins，他的 John Collins 使用新版 Talisker 10 年調製，既能輕鬆喝，又有 Talisker 獨特煙燻風味所帶出的酒感，使用糖粉則讓酒體多了一絲清甜。阿紫說，每一次工作忙碌完，都會想要喝一杯以 Talisker 調製的 John Collins 犒賞自己。

苦酒與陳年烈酒的歡愉

Francis Albert

45mL 1776 Straight Bourbon
45mL Tanqueray No.TEN
Glass: Martini
Method: Stir

**楊家銘 Mitthem**

1994. 06. 25

調酒年資
5

在不大的酒吧空間裡，人們總是喜歡擠上 Bar B&B 的吧檯上，跟調酒師一起創造歡愉的夜晚氛圍。B&B 的兩個字母分別代表 Bitters 與 Barrel：苦酒與陳年烈酒，象徵著調酒裡兩個重要的元素，也透露著喝酒情境裡的成熟情懷。

服務生推薦我 Francis Albert，這是出自東京 Bar Radio 的一款雞尾酒，僅以琴酒與波本威士忌調製，經由調酒師熟練地攪拌，控制融水及溫度，是非常考驗調酒師手法的一款雞尾酒。

原版的 Francis Albert 以 Tanqueray 與 Wild Turkey 調製，而 Mitthem 改用等比例的 1776 波本威士忌與 Tanqueray No. TEN。琴酒降低了威士忌的厚重感，威士忌也圓潤了琴酒，波本裡類似太妃糖的香氣與琴酒融合後，帶出花蜜香氣，入口輕盈的花香調與隨之而來的酒感，讓人為之驚艷。

# 雞尾酒杯裡的土星環

**許育誠 Jimmy**

1986. 06. 05

調酒年資
13

**Saturn**

60mL Roku Gin
15mL The Bitter Truth Golden
Falernum
12mL Disaronno
20mL Giffard Fruit de la
Passion
20mL Lemon juice
30mL Passion fruit juice
Glass: Rock
Method: Shake

隱身在新營眼鏡行三樓的專業酒吧，由 Jimmy 一人經營，僅有六個位子，光是協會威士忌就有超過四十款可以選擇。除了對威士忌有深入的了解與蒐藏外，有著超過十年調酒經驗的 Jimmy，對於雞尾酒也有自己的風格，尤其喜愛研究 Tiki 類型的調酒。

Saturn 是少見的琴酒 Tiki，架構明確，酒精含量不算低，在新營的消費習慣裡，就算是只喝一杯的客人，也能得到完整的酒吧體驗。跟 1967 年 J. Galsini 原版的酒譜相比，Jimmy 使用新鮮百香果和利口酒取代果泥，增加了層次和香氣，改用的法勒南利口酒，也是經過考慮之後的選擇。

Jimmy 指著酒杯對我說：「酒杯裡圍繞大冰的泡沫，你不覺得看起來就像是土星環嗎？」

*Saturn 意指「土星」。
*Jimmy 經營的前一間店 A Clean, Well-lighted Place 於 2022 年 8 月結束，並在台南市區開設新酒吧 Blue Monk。

蘭姆酒中的可可香

吳怡玫 Eva

1987. 07. 06

調酒年資
11

**Brown Daiquiri**

45mL Mount Gay Rum Black
Barrel
15mL Lemon juice
8mL Simple syrup
Garnish: Lemon peel
Glass: Coupe
Method: Shake

簡單架構的雞尾酒是展現調酒師功力最好的選項，而 Daiquiri 也是調酒師常出的經典調酒之一，僅以蘭姆酒及酸甜，呈現蘭姆酒本身最單純細膩的風味。

一般的 Daiquiri 多使用未經陳年的白蘭姆酒，根據調酒師的喜好，也可以選擇相對應的蘭姆酒來呈現 Daiquiri。跟因庫存過多的伏特加與銅杯，意外創造出 Moscow Mule 一樣的暢銷款，還在想的 Eva，與酒商的合約裡有用不完的陳年蘭姆酒，於是將其用在雞尾酒中，創造出帶有巧克力香氣的 Brown Daiquiri。

# 歐洲客廳的飲酒體驗

**吳權洲 Joe**

1987. 01. 10

調酒年資
11

### Transparent Bullet

80mL Gordon's Gin
10mL Lillet Blanc
3mL Smoking dry vermouth
Glass: Martini
Method: Stir, Cognac to the bottom of the glass

### Smoking dry vermouth

在 Lagavulin, Talisker 與 Chenin Blanc 混合液中，放入 Partagas 雪茄草，以咖啡濾紙過濾後即完成，冷藏保存即可。

位在赤崁樓旁小巷裡的 Bären Biergelden 貝倫啤酒館，一般人又習慣稱呼其爲熊吧，是一間擁有眾多精釀啤酒與威士忌，以及優秀下酒小點的地方，還有像是歐洲家庭般的開放式料理空間，在台南，如果想喝一杯吃點小東西放鬆，這裡是絕佳的一站。

雖然乍看之下，熊吧以精釀啤酒爲主，但這裡也有非常扎實的經典雞尾酒。熊吧的 Smoky Martini「透明子彈」煙硝馬丁尼使用 Gordon's 搭配自製的煙燻風味液，平衡的煙燻調性與琴酒形成完美的平衡。熊吧也有另外一個使用 Mezcal 妝點煙燻風味的 Smoky Martini 版本。

當天我也來了杯 Alaska，琴酒部分以 Gordon's 搭配舊版 Tanqueray No.TEN，Joe 說，若少了絕版舊 Tanqueray No.TEN 扎實的杜松子香氣，這杯酒就會少一味。喝一杯少一杯，喝到這杯 Alaska 可以說是老派雞尾酒客之幸運。

# 翱翔天空的調酒夢

**徐懿 Eva**

1983.01.06

調酒年資
6

## Singapore Sling

30mL Gordon's Gin
15mL Heering Cherry
7.5mL Bénédictine
7.5mL Cointreau
7.5mL Grenadine
60mL Pineapple juice
15mL Lime juice
1 dash Angostura Bitters
Soda on top
Garnish: Dried pineapple slice,
Lime slice & Cherry
Glass: Collins
Method: Shake

榕洋行 Ron & Company 是台北榕 Ron 酒吧進軍外縣市的第一間作品，在三層樓的老宅中，打造具藝術感的復古餐酒空間。

曾當過空姐的 Eva，因為對於雞尾酒的熱情，毅然放下原本的高薪工作，轉而站到吧檯第一線工作。除了擔任調酒師，Eva 還在大學擔任專任的餐飲老師，並前往高餐進修餐飲碩士，可見他對於調酒文化的鍾愛。

在老派日式酒吧 MOD Sequel 工作過的 Eva，於經典雞尾酒的基礎功夫上有著深度造詣，他的 Singapore Sling 是走傳統風格的路線，口感非常飽滿，能在典雅的台南奢華老宅裡，喝上這樣一杯具熱帶風情的雞尾酒，實在令人十分滿足。

*EVA 現已離職，目前於高雄餐旅大學飲食文化暨餐飲創新研究所進修。

余瀚爲 Nono

1985. 03. 27

調酒年資
11

**Supermoni**

50mL Campari
10mL Jack Daniel's Tennessee Fire
40mL Fresh grapefruit juice
20mL Fresh lime juice
90mL Tonic water
Garnish: Orange slice
Glass: Collins
Method: Shake

酣呷是南台灣極具代表性的餐酒館，把雞尾酒搭餐融入到飲食生活之中，作爲共同創辦人與調酒師，Nono 不走平常人的老路，先是開立以 shots 爲主題的 The Shotting Fun，接著經營餐酒館食尚主義，到了酣呷，更是把雞尾酒餐搭發揮到極致，可以用平實的價格，輕鬆體驗到雞尾酒飲食生活化。

拿下 World Class 台灣冠軍的 Nono，在餐酒搭上下足了功夫，將原本就輕鬆易飲的 Spumoni，於原有的材料架構，加上肉桂與法國龍膽酒，在輕盈的氣泡基礎上，增添更多層次，來搭配混入台灣元素的西式精緻餐點，與有醬汁的料理起到很好的風味結合。

# 魅力女調的花花公主

**温晨舫 r.Pon**

1989. 02. 22

調酒年資
11

**Boulevardier**

45mL Bulleit Rye
25mL Mancino Rosso Vermouth
20mL Campari
Garnish: Orange peel
Glass: Rock
Method: Stir

作為醑呷的首席調酒師，阿龐具有強烈的個人魅力與創作能量，坐上吧檯，可以感受到南台灣獨到的親和力。Campari 比賽台灣冠軍的阿龐，在使用 Amaro 調製雞尾酒上有自己的一套，其中我格外喜愛阿龐調製的
Boulevardier。

阿龐的 Boulevardier 使用了 Bulleit 裸麥威士忌與 Mancino 甜香艾酒，口感上帶有裸麥威士忌成熟的香料與香草風味，Mancino Rosso 擁有飽滿甜美的果香，Campari 獨特的草本及柑橘調性，讓這杯 Boulevardier 呈現出柔和愉悅的甜蜜風格。

在一次店裡的活動之夜裡，阿龐跟客人開玩笑地說，這杯酒是花花公主。客人對於這杯酒的印象深刻，待下次回來，逐跟服務員說來杯花花公主，還讓服務員猶豫了一下，想著店裡有這杯酒嗎？

*Boulevardier 是法文裡「花花公子」之意。
* 阿龐目前於澳洲體驗旅外生活，見學墨爾本調酒文化，期待未來無論在哪都能再次站進吧檯，調製一杯杯優美的飲品。

需要等待的美味檸檬塔

鄭逸祥 AJ

1984.04.17

調酒年資
21

Ramos Gin Fizz

40mL Hayman's Old Tom Gin
20mL Lemon juice
20mL Lime juice
30mL Rich syrup
30mL Egg white
40mL Cream
3mL Orange blossom water
Garnish: Butter digestive
biscuit
Glass: Collins
Method: Shake

誰說酒吧一定要昏昏暗暗？壹井吧以全台灣最明亮酒吧自居，打破了咖啡店與酒吧的界線。在壹井吧，能輕鬆地來杯雞尾酒，與同行友人開心地聊天，也能帶本書坐上吧檯閱讀，好好享受夜晚裡的白晝氛圍。

Ramos Gin Fizz 因其傳奇性的長時間搖盪過程而聞名，在現代的經典調酒選項裡有著一席之地。當代雖能透過電動攪拌棒縮短調製的時間，但在 AJ 的堅持下，每一杯壹井吧出品的 Ramos Gin Fizz，仍是透過調酒師的雙手，親力親為的手工調製。

這裡另一個 Ramos Gin Fizz 好喝的秘密，是時間，搖盪完成的酒液須經過一段時間的冰鎮靜置，方能創造出硬挺的泡沫。在等待的過程中，AJ 會先倒一份未加蘇打水的 Ramos Gin Fizz 給客人品飲，貼心的舉動，也是壹井吧讓人如此喜愛的原因。

堆疊在 Ramos Gin Fizz 上的塔皮餅乾是亮點之一，當啜飲的同時，也會吃到鹹香的餅乾屑，就像是品嘗美味酸爽的檸檬塔。

**梅少米 小米**

1986. 10. 30

調酒年資
15

Negroni

80mL Gin
20mL Rosso vermouth
15mL Campari
Garnish: Orange peel
Glass: Rock
Method: Stir

唐樓位在海安路上酒吧林立區域的四樓,從這裡向外展望,可以看見海安路開闊的街景。唐樓對我而言,並不是這麼傳統的老派雞尾酒吧,相反的,這裡可以看見啤酒杯墊、飛鏢機與喧囂吵鬧的氛圍。不過調酒師小米有著一顆熱情對待雞尾酒的靈魂,使得到訪唐樓,仍能感受到良好的服務,好好品味一杯雞尾酒。

第一次意外到訪時,我告知小米已經在前面幾站喝了點酒,他便推薦我喝 Negroni,我欣然同意。他拿出冰鎮過的攪拌杯仔細倒入酒材,俐落地攪拌,接著注入置有手鑿大冰的酒杯,經由火焰噴灑柳橙皮油,還沒拿到酒前便聞到十分舒坦的柑橘香氣。

那是一杯濃烈的 Negroni,但經由充足融水與皮油搭配,使得整體取得恰好的平衡。在離開前,我詢問小米,方知他的 Negroni 下了整整 80 毫升的琴酒。那天晚上,我帶著滿意且十足的醉意,步履輕快地走回旅舍。

**丁銘謙 Darren**

1996. 10. 22

調酒年資
4

**Blood & Sand**

15mL Ardbeg 5yo
45mL Highland Park Valfather
20mL Heering Cherry
15mL Chazalettes Rosso
30mL Fresh orange juice
Glass: Coupe
Method: Rolling

作爲台南第一間專業威士忌酒吧，除了豐富的威士忌收藏，也有許多自選包桶，山哥透過挑選能傳遞威夢旅人精神的威士忌風味，藉由酒液，與消費者對話。這裡值得探索的絕對不只威士忌，一整個跨頁的雞尾酒酒單，涵蓋風味特調與經典雞尾酒，也有使用泥煤威士忌調製的酒款。

威夢旅人也是台灣酒吧，乃至於餐廳，擁有最多款式以酒入菜的菜餚，像是啤酒炸雞與牛肉麵，還有以不同產區單一麥芽威士忌入菜，到紅白酒與紹興酒，就連琴酒、艾碧斯與 151 蘭姆酒，在威夢旅人都能拿來製作下酒私房料理，價格平實，使這裡成了內行酒客想同時喝酒吃飯必訪的一站。

這 天 的 Blood & Sand 由 Darren 所 調 製，混 用 Ardbeg 5 年 威 士 忌 與 Highland Park Valfather，以各自泥煤與煙燻的特色，透過 Rolling 的手法創造出綿密的口感，令人聯想到 Blood & Sand 原版西班牙小說的悲淒愛情故事調性。

圖書館般的寧靜酒吧

**楊涵青 皮蛋**

1984. 03. 10

調酒年資
14

French 75

30mL Gin
15mL Fresh lemon juice
10mL Simple syrup
120mL Spain sparkling wine
1mL Orange bitters
Garnish: Lemon peel
Glass: Champagne glass
Method: Shake

在酒精的催化之下，於酒吧尋找寧靜的氛圍並不容易，然而依舊室的皮蛋希望營造出一個既能享受酒精之歡愉，也能好好感受片刻寧靜的安詳所在，以酒入甜點，搭配雞尾酒的微醺，是城市旅人在一座城市裡尋找心靈平和、最佳棲身之所在。

依舊室以類似圖書館的空間概念為出發，輕鬆音樂，混合著昏黃燈光，讓走進依舊室的客人能拿本書，放鬆地享受酒吧氛圍。

琴酒為基底的 French 75，以笛型香檳杯盛裝，爽口的氣泡感中帶有細緻果香，十分開胃，可以搭配依舊室的酒香甜點。這次我品嚐的是威士忌巧克力蛋糕，擠上打發的可可鮮奶油，濃郁酒香從蛋糕中散發出來，獨享一個人的老派微醺時光。

盡情講秘密的小空間

方諾亞 Noah

1985. 11. 15

調酒年資
6

Sloe Gin Fizz

40mL Hayman's Sloe Gin
10mL Hayman's London Dry Gin
10mL Tanqueray
30mL Lemon juice
15mL Syrup
Soda on top
Garnish: Lemon peel
Glass: Highball
Method: Shake

諾亞期許自己，創造一個可以放鬆、盡情分享心裡秘密的酒吧空間，便以孟克的名作呐喊命名。除了少許的吧檯座位之外，還有一間可以席地而坐的玻璃和室，這樣的空間，是諾亞為照顧到每一位到來酒客的巧思。

選擇在永康的住宅區開店，而非熱鬧的中西區，也是諾亞希望在地客群能有享受品味雞尾酒的空間，提供他們持續而穩定的服務。

呐喊吧的 Sloe Gin Fizz 使用 Hayman's 黑刺李琴酒調製，盛裝在日式 Highball 杯中，大口一抿，可以感受到細膩酸爽的口感，適合作為悠閒平日，不需要太多酒精便能輕鬆微醺的氛圍。除了美味的雞尾酒之外，還有合作夥伴自製的各種甜點與限定料理，像是家庭式的小酒館中，每日都能體驗到不同的驚喜。

品牌共生的餐酒空間

**陳永龍 大喬**

1986. 12. 09

調酒年資
9

**Kamikaze**

60mL Grey Goose Vodka
25mL Cointreau
20mL Lime juice
Garnish: Lemon peel
Glass: Rock
Method: Shake

在台南東區，有一間由專業餐廳與雞尾酒吧、雙品牌結合的空間，餐的部分由初生食造負責，而酒的部分，則是由大喬所主持的在島之後所負責。兩個餐飲團隊組合在一起，形成強強聯手，無論食物或雞尾酒，都不會讓人失望。

大喬的雞尾酒有一種神秘魔力，總是將高酒精度融合得十分平衡，讓你不知不覺地在這空間裡，快速地從微醺進入狀態。大喬說，他在看完太宰治的人間失格之後，對於神風特攻隊感受到一種淒美的自我不認同感，所以想做出入口輕盈，但背後蘊含著潛伏著重量的 Kamikaze，一杯微醺、兩杯已醉。

除了經典調酒的扎實功夫，具有室內設計師背景的大喬，一手包辦在島之後的空間設計，其獨到的雞尾酒擺飾美感，也讓此成為台南的浮誇系調酒所在。

在詩意老宅裡月下獨酌

**黃竣豊 維尼**

1991.09.15

調酒年資
8

### Penicillin

45mL Johnnie Walker Black Label
10mL Lagavulin 16yo
10mL Honey
15mL Homemade ginger honey
25mL Fresh lime juice
Garnish: Lime slice
Glass: Collins
Method: Shake

### Homemade ginger honey

將老薑去皮、兌水後，打成泥，加入二砂以小火煮 30 分鐘後即完成。

月下獨酌隱藏在民生路、狹窄地僅容得一人通過的巷弄裡，在細長的老宅裡有著這麼一間充滿愉快氛圍的雞尾酒吧，最特別的是店後端的露天庭院，在四面榕樹根盤根交錯的空間之中，月光照映下，暢喝著雞尾酒、開心與三五好友聊天好不快活。

維尼的 Penicillin 使用自製薑糖搭配蜂蜜，雙重的甜味來源堆疊，調製出飽滿的口感，在老宅空間裡喝上一杯好雞尾酒，更顯得愉悅。熱情有默契的調酒師團隊，包含阿堯與開開，讓在月下獨酌喝雞尾酒，是屬於比較具熱鬧氛圍的感受。

* 月下獨酌已歇業，維尼目前前往墨閣服務。

匯聚人情味的小酒館

葉玉萱 Yuna

1996. 06. 09

調酒年資
1

**Zombie**

45mL Takamaka Light Rum
30mL Black Tears Spiced Rum
15mL Plantation OFTD
Overproof Rum
30mL Pineapple juice
30mL Grapefruit juice
30mL Lime juice
30mL Passion fruit syrup
30mL Simple syrup
5 dashes Angostura Bitters
Garnish: Charred dried
pineapple slice
Glass: Tiki glass or Collins
Method: Shake

**Passion fruit syrup**

將新鮮百香果汁與糖以 6:1 的比
例混合，糖完全溶解後即完成。

奏匯位在台南市東區，Yuna 的人情味和美味酒
飲，讓這裡成爲下班後喝一杯、輕鬆聊上兩句的
好地方。

入行不久的 Yuna，在前一份工作遇上低潮時，
決定離開家鄉台北，來到台南成爲一名調酒師。
Yuna 說，調酒產業有許多辛苦的地方，但他喜
歡與客人對話，調製出一杯彼此都喜歡的雞尾酒。
每當有客人把奏匯當自己家，Yuna 就特別地有
成就感。

Zombie 是 Tiki 調酒大師 Donn Beach 在 1934
年創作的酒款，以三款蘭姆酒搭配熱帶水果，創
造出豐富的滋味。Yuna 所調製的 Zombie，風
味清新且香氣奔放，台南水果的好品質讓這杯酒
加倍鮮甜，很難不愛上這樣滿帶南國熱情的雞尾
酒。不過酒精濃度極高，一杯飲畢，醉意也會一
湧而上。

高雄

高雄在很長時間裡，飲酒文化都是以 talking bar 為主，雞尾酒吧的經營不易，直到最近幾年，雞尾酒吧才開始有成長起來的跡象。

目前高雄市區的酒吧主要以南北區分，北高雄以舊高雄市區的高雄火車站為分界，在左營等地有許多酒吧；南高雄則以美麗島地區的新崛江、文化中心及六合夜市為中心向外擴散。

在疫情之中，不僅原有的許多雞尾酒吧堅持下來，而且有更多元的酒吧風格出現。傳統作為住宅區的三民地區開設了多間雞尾酒吧，連看似老化的鹽埕區，也注入新的生命力，甚至遠離高雄市區的楠梓、岡山等地區，都出現多間專業的調酒吧，高雄的雞尾酒文化，正以全新、充滿生命力的狀態發展。

自在奔放的輕鬆酒吧

**戴子翔 阿翔**

1998. 05. 23

調酒年資
4

Paloma

60mL Tequila
15mL Grapefruit syrup
10mL Lemon juice
10mL 3:2 Syrup
30mL Apple juice
60mL Cold water
Garnish: Orange peel
Glass: Highball
Method: Inject CO2 with
Perlini shaker

位在高雄楠梓的 Relax Bar 如其名，是可以讓人放鬆的酒吧空間。這裡並不是一家典型的老派雞尾酒吧，店員都很熱情，比較像是傳統充滿娛樂性質的 Lounge Bar，但是來到這裡，仍可品嘗到美味的雞尾酒。

子翔的 Paloma 選用濃縮葡萄柚果露，相較於新鮮的果汁，反而呈現出更飽滿的口感，並添加蘋果汁增加果香，最後使用 Perlini 雪克杯注入二氧化碳，當天我所喝到的 Paloma 為已離職的調酒師 Sarah 所調製。Relax 所呈現出的輕鬆氛圍，在楠梓地區是值得一訪的所在。

*Perlini Shaker 為一種使用二氧化碳子彈或鋼瓶注入氣體的雪克杯。

愛爾蘭泥煤變奏曲

余東泰 阿泰

1995. 12. 10

調酒年資
5

**Elixir - Penicillin**

50mL Hinch Peated Single
Malt Irish Whiskey
10mL Lemon juice
10mL Honey
5mL Black vinegar
5mL Joseph Cartron No.7
5mL Ginger juice
Garnish: Ginger slice
Glass: Martini
Method: Shake

位於六合觀光夜市附近，平價旅館林立，許多觀光客來到高雄會選擇住在這一區。這裡有一家開到較晚的雞尾酒吧 Recall，有著舒適寬敞的座位空間，也有酒吧難得一見的完整挑高空間。如果肚子餓的話，Recall 的炸物拼盤與炒泡麵都很值得一試。

阿泰的 Penicillin 選用 Hinch 愛爾蘭泥煤威士忌，起始麥芽泥煤值達到 55ppm，由於三次蒸餾的關係，使得泥煤的感受並不是這麼強烈，反而是更多層次的煙燻調性，很適合第一次體驗 Penicillin，卻又不確定是否能接受強烈泥煤的消費者。

促成良緣的花果香

**黃龍輝 小寶**

1984. 10. 23

調酒年資
21

### 白茶

60mL Green tea vodka
30mL Lilly flower syrup
60mL Clarified grapefruit juice
Garnish: Lily flower petals &
Green leaves
Glass: Collins
Method: Shake

### Green tea vodka

將 1g 茉莉綠茶茶葉浸泡至伏
特加中 24 小時，過濾後即完成。

### Lilly flower syrup

30 Lily flower petals
350g Suger
350ml Water
Method: 百合花瓣用蔬果清潔
劑加水浸泡 5 分鐘，用清水將
清潔劑沖淨後，將花瓣瀝乾。
將糖和水煮沸（過程中注意燒
焦）後關火， 放入花瓣，靜置
3 小時後即完成。

小寶是高雄非常資深的調酒師，有著二十年的雞
尾酒經驗。當初靠著一杯充滿花果香的特調，與
吧檯前的客人結識，雖然在這之後小寶前往外國
發展，中斷聯絡好一陣子，最終緣分仍將兩人聚
在一起，結為夫妻。

這杯促成兩人良緣的特調雞尾酒就是小寶的白
茶，在海外工作多年的小寶，回到台灣時，其實
已經遺忘了原始酒譜，不過透過兩人的共同努力，
憑印象重新拼湊出當時的美味，隨著小寶擔任酒
吧顧問，將這杯雞尾酒放上 Mini Enclave 聚落
的酒單。

現在小寶在三民區開設新的餐酒館灣兜，而當初
那杯白茶，則留在了 Mini Enclave 聚落，等待
著拉近下一對佳侶的距離。

**陳宥森 Justin**

1987. 08. 06

調酒年資
7

**French 84**

45mL Gin
15mL White cacao liqueur
10mL Hazelnut liqueur
10mL Yuzu liqueur
10mL Champagne acid
30mL Sauvignon Blanc
Garnish: Macaroon
Glass: Champagne glass
Method: Shake

**Champagne acid**

94mL Water
3g Tartaric acid
3g Lactic acid

座落在夜晚寧靜的鹽埕區，入吧是一間隱藏在甜點店後的秘密酒吧，卽便到了酒吧時間，甜點仍然持續供應，創造了一個以甜點佐雞尾酒的有趣空間。酒吧的空間並不大，僅有吧台與一桌小沙發區。Justin 是屬於比較安靜，將體貼帶入服務當中的調酒師，店裡並無酒單，只需要將自己喜歡的風味畫在點單卡上，Justin 便會依照客人喜好，創造吧台上的魔術。

爲了開設結合專業甜點的酒吧空間，Justin 曾暫時放下雞尾酒，前往藍帶學院，學習正統的法式甜點。Justin 的另一半，同時也是甜點空間的負責人奈奈說，Justin 的執著，讓原本不嗜甜點的他，全心投入學習正統的法式甜點，希望給客人最完整的消費體驗。

我點了鹽之花馬卡龍，與台法混血的麵茶口味達克瓦茲。爲了與甜點搭配，Justin 以 20th Century 爲架構，將 Lillet 換成蘇維翁白酒，並拉高白酒的比例打入二氧化碳，清爽甜美、帶點微酸的可可口感，與甜點搭配既能解膩，又能凸顯出其中的酥脆甜美。

斜槓調酒師的經典夢

孫沁妤 Card Card

1985. 10. 07

調酒年資
20

Jack Rose

60mL Applejack
30mL Lime juice
5mL Lemon juice
10mL Homemade grenadine
Garnish: Orange peel
Glass: Martini
Method: Shake

Double Soul 是北高雄早期最早開始耕耘專業雞尾酒的餐酒館,出身自高雄老店 mini fusion 的小哞,對於經典雞尾酒有一套獨到見解,於是開設了 Double Soul,來實踐自己的調酒夢。

Jack Rose 與鐵達尼號並無關聯,Jack 來自原始酒譜使用的蘋果白蘭地 Applejack,Rose 則是指採用紅石榴糖漿所帶來的玫瑰色酒液。小哞為 Jack Rose 這款酒下足功夫,使用自製紅石榴糖,細心處理多籽的果實,使得這款雞尾酒帶有更多甜美的果香。

除了雞尾酒本業,小哞還開設了連鎖南洋麵館桂桃孅,並經營調酒 Youtube 頻道。目前 Double Soul 現場的工作交給店長政豫負責,但調酒部分仍不馬虎,可以在舒適的環境中品嚐完整的餐酒體驗。

華麗轉身的港都琴人

許博勝

1989. 07. 05

調酒年資
11

Corpse Reviver #2

50mL Tanqueray No.TEN
15mL Lillet Blanc
10mL Cointreau
15mL Lemon juice
3 dashes Absinthe
Garnish: Lemon peel
Glass: Coupe
Method: Shake

以蜘蛛人身影成名的世界花式調酒季軍許博勝，不僅在花調部分獲得肯定，也持續探索酒類世界的各式可能。如今博勝平日是美和科大的專任教師，教導年輕學子專業的酒類知識，也持續拉近原本疏遠的學界與業界間的距離。

博勝一開始喜歡的是威士忌多變的美好風味，還爲此跑到台南的威士忌酒吧打工。但琴酒多元的風味也讓博勝驚豔，尤其 2017 年接觸季能美之後，其融合輕井澤威士忌橡木桶的風味，開啟了他的味蕾境界，也種下日後開設琴酒吧的契機。

gin mind 作爲高雄地區第一家專業琴酒吧，蒐羅了台灣酒吧唯一全套的季能美，珍稀收藏成爲所有人進來這裡的第一印象。博勝的 Corpse Reviver #2 使用帶有新鮮柑橘調性的 Tanqueray No.TEN，搭配艾碧斯細膩鮮香的茴香調性，是一款進階調酒愛好者必嚐經典。

*gin mind 有提供入門的迎賓飲料，當天是四季春與桂花的氣泡飲。

東南亞的異國情懷

**蕭東宥 老蕭**

1995. 11. 24

調酒年資
4

### Pegu Club

45mL Bobby's Schiedam Dry Gin
20mL Pierre Ferrand Dry Curaçao Triple Sec
10mL Lime juice
2 dashes Angostura Bitters
Garnish: Lemon peel
Glass: Coupe
Method: Stir

Pegu Club 是一家早期在緬甸的知名俱樂部，也有以酒吧同名的雞尾酒，隨著當代知名女調酒師 Audrey Saunders，在紐約開設同名酒吧 Pegu Club，這杯雞尾酒很快地回到大眾視野當中。

有趣的是，這杯原本是搖盪類型的雞尾酒，老蕭有自己的見解，希望能透過攪拌的方式保有醇厚的香氣。作爲源自緬甸的雞尾酒，老蕭使用同樣帶有東南亞 DNA 的 Bobby's Gin，帶有香蘭葉香氣，還有粉紅胡椒與辛香料感，是款饒富趣味的再詮釋雞尾酒。

*Audrey Saunders 的 Pegu Club 培育出許多當代知名國際調酒師，然而已經隨著疫情而停業。

走進畫廊裡的秘密酒吧

王浩秀 Sherry

1997. 09. 24

調酒年資
3

**Naked & Famous**

22.5mL Mezcal
22.5mL Aperol
22.5mL Yellow Chartreuse
22.5mL Lime juice
Garnish: Lemon peel
Glass: Coupe
Method: Shake

Gallery20.5 由一群充滿衝勁的年輕人一起創立，以隱藏在畫廊中的秘密酒吧爲主題，提供充滿活力的消費體驗。

店裡的調酒師 Sherry 從台北南下唸書，以客人身份接觸了雞尾酒，遂在高雄開啟了調酒之路。雖在這個產業的時間不長，但在第一家任職的酒吧當中，Sherry 時常利用下班時間與同事一同討論雞尾酒，累積了一定的知識涵養。

Naked & Famous 作爲經典調酒 Last Word 的改編，2011 年由調酒師 Joaquín Simó 於紐約市 Death & Co. 創作，分別以與 Green Chartreuse 和 Campari 血緣相近、但酒精較低的酒款取代原版酒譜，來突顯出 Mezcal 獨特的煙燻魅力。

# 雪松香裡的佗寂美學

**賴德恩 Toku**

1982. 12. 02

調酒年資
4

## Cacao Fizz

40mL De Kuyper Crème de Cacao
20mL Hayman's London Dry Gin
20mL Fresh lemon juice
5mL Neroli Hydrosol
120mL Soda
60-70g Cube ice
Garnish: Lemon slice & Lemon peel twist
Glass: Highball
Method: First, put the cube ice & soda into the highball glass; then pour all the ingredients into the shaker. After shaking, pour into the glass & garnish with lemon slice & lemon peel twist.

Bar iki 粹是一家具有日式精神的雞尾酒吧，整間店都給人寧靜祥和的感受。我在夏天時到訪 Bar iki，在入席的冰毛巾裡，Toku 還貼心地增添了雪松與檜木精油，隨著季節變化，在香氛跟毛巾的溫度上也會有所不同，享受 Toku 所營造舒服惬意的日式美學。

據 Toku 稱，Cacao Fizz 是一款收錄於日本調酒師協會（N.B.A., Nippon Bartenders' Association）的雞尾酒，當時他常流連銀座的知名老牌酒吧 Bar Lupin，喝著這類以利口酒為主要風味的 Fizz。回到台灣開設酒吧後，便想把這樣的好滋味跟消費者分享。

Cacao Fizz 以白可可作為主基調，遇到酸與蘇打的可可，散發出些許草本調性，抑或像是薰衣草般的花香。由於比重的關係，會先在杯中注入蘇打水，接著將搖盪均勻的酒液注入，自然沖散，是一款具有溫柔感受的 Fizz 雞尾酒。

陳宥任 龍兒

1995. 01. 09

調酒年資
7

Jasmine

50mL Gin
20mL Cointreau
15mL Campari
15mL Lemon juice
Garnish: Grapefruit peel
Glass: Martini
Method: Shake

曾在台南 TCRC 服務多年的龍兒,選擇與另一半回到高雄,將自己所喜愛的雞尾酒文化帶入南高雄,以具有英倫風格的現代復古典雅裝修,將不同面貌的雞尾酒吧帶到高雄。

對龍兒來說,喝酒是一件浪漫輕鬆的事情,他覺得喝酒時常會忘記時間,所以很多時候,卽使營業時間結束,他也會體貼地陪伴客人聊天,一不小心就比表訂時間晚結束營業,隨著同事慢慢將吧台整理乾淨,才會送客人離去。

Jasmine 是現代經典,由 Paul Harrington 在 1990 年代創作,取名自他的酒客姓名,跟茉莉花完全沒關係,靈感來自 Pegu Club 這款經典。

Jasmine 在龍兒手上,稍微拉高了君度橙酒的量,並略減 Campari。有趣的是,均衡的苦味沒有因爲 Campari 減量而降低,反而帶出更多葡萄柚與丁香的細膩香氣,苦甜酸爽的平衡,是老派饕客會喜歡的洗鍊風味。

*Bar dip 的品牌概念是取自客家藍染工匠手法與調酒師取出風味時的技法做呼應,不論是低溫烹調、發酵與蒸餾等技法,都須經過浸泡來取出風味與顏色爲主軸出發。

打造屬於所有人的灣兜

字玟庭 Ting

1992. 02. 24

調酒年資
9

White Lady

60mL Tanqueray No.TEN
15mL Cointreau
20mL Lemon juice
Glass: Coupe
Method: Shake

灣兜，是老闆小寶開設的第一間店，如同「我家」的台語，小寶希望這間屬於自己的店，能像家一樣，除了是自己想要隨時回到的家，也希望營造出給消費者回到家的輕鬆感受。

店長 Ting 在高雄開啟調酒師職涯，當初的第一站，就是在 Inn Bistro 向小寶學習雞尾酒。輾轉到台北歷練後，選擇回到高雄，與小寶一起實踐開店旅程，將洗練的雞尾酒，結合具台灣精神的創意料理，放在灣兜，等著期待如家一般歸屬感的飲者。

以 Tanqueray No.TEN 爲基酒，Ting 的 White Lady 透過三件式搖酒器搖盪後，保有碎冰，將酒液直接注入冰透的雞尾酒杯當中，那爽口冷冽、帶有清新柑橘味的 White Lady，是 Ting 相當自信的雞尾酒作品。

雲端上的紅寶石

莊孟儒 小白

1984. 10. 21

調酒年資
14

## Ruby of Cloud

45mL Zacapa 23
20mL Rooibos tea
10mL Mozart Dark Chocolate
15mL Prucia plum liqueur
20mL Fresh lemon juice
10mL Vanilla syrup
Garnish: Dried Smoked longon
(with Shell)
Glass: Stemless wine glass
Method: Shake

窩台北作爲早期代表台灣，榮獲亞洲五十大酒吧的現代餐酒館，仍不敵疫情，在 2021 年結束了 13 年的經營歷史。開業期間，孕育出許多業內的優秀調酒師，傳承著當初窩台北美食、美酒的好氛圍，也曾有過精彩的一頁與美味的雞尾酒。

Ruby of Cloud 是當初窩台北最爲經典長壽的一份酒單上的創意調酒，由現在任職於上海酒吧的大頭所設計，以帶微酸甜的細膩口感，呈現出 Zacapa 深邃的蜜餞果香，隨著窩台北的結束，這份酒譜也隨著小白南漂至高雄。如果有機會，一定要試試這款窩台北最爲暢銷的雞尾酒之一。

**莊孟儒 小白**

1984. 10. 21

調酒年資
14

Brandy Crusta

45mL Rémy Martin V.S.O.P
20mL Pierre Ferrand Dry
Curaçao
10mL Luxardo Maraschino
20mL Fresh lemon juice
1 dash Angostura Bitters
Garnish: Sugar rimmed the
glass & Lemon peel
Glass: White wine glass
Method: Shake

Brandy Crusta 是短飲型酸甜雞尾酒的起源之一，被認爲是 Sidecar 的前身，也是少數在 Jerry Thomas 第一版的調酒書裡，有清楚圖片的雞尾酒。Brandy Crusta 創作於 1850 年代，由 Jerry Thomas 記錄在他的書《Bar-Tender's Guide》中。

在窩台北還在的時候，酒單上，小白保存了最標準的 Brandy Crusta 作法：糖口與檸檬皮捲，能在酒吧裡喝上這樣一杯充滿堅持、具古典情懷的雞尾酒，眞的很幸福。這樣的老派美味，隨著小白到家鄉高雄開設無聲的所在，帶回到了南台灣。

成人飲料店的經典味

吳蔚豐 Peter

1979. 08. 15

調酒年資
30

Mulata Daiquiri

50mL Aged rum
20mL Crème de Cacao (White)
20mL Lime juice
5mL Mozart Dark Chocolate
5mL Luxardo Maraschino
2 dashes Chocolate bitters
Garnish: Maraschino cherries
& Chocolate
Glass: Martini
Method: Shake

Peter 是高雄十分資深的調酒師前輩，善於與消費者互動，對經典調酒有扎實的功力。萬豐飲料店是 Peter 所開設的第二間雞尾酒吧，原本一店上善若水就是高雄指標性的調酒店家，如今開設萬豐，則更專注於經典調酒的調製，一本厚實專業的雞尾酒單，訴說了這一切。

Peter 的 Mulata Daiquiri，使用陳年蘭姆酒與兩種可可酒，酒中的可可遇到酸，帶出些許梅子與甘草的風味，平衡酸甜之中藏有巧克力的香氣，上面放有酒漬櫻桃與可可條作爲裝飾物，柔和的經典滋味，很適合作爲認識 Peter 及上善若水體系的一款雞尾酒。

雞尾酒杯中的百萬富翁

莊國顯 Rex

1987. 12. 17

調酒年資
11

**Millionaire #1**

30mL Havana Club 3y
20mL Sloe gin
20mL Apricot liqueur
10mL Lemon juice
5mL Pomegranate syrup
Garnish: Lemon peel
Glass: Coupe
Method: Shake

渡鴉商行想營造出日式傳統酒吧的寧靜氛圍，在雞尾酒上以經典雞尾酒爲主。僅有十個位子的小酒吧，創造出與客人間的緊密關係。不知道點什麼，也可以直接跟 Rex 互動討論。

名爲百萬富翁的雞尾酒有很多款，Rex 所調製的版本是出自《The Savoy Cocktail Book》的 Millionaire #1，原始酒譜其實是採用牙買加蘭姆酒，但是 Rex 想呈現較低酸甜的風味，爲了平衡，而改採用 Havana Club。杏桃與黑刺李琴酒帶出青梅蜜餞般的滋味，帶有熱帶水果風情的雞尾酒，對當時北方的歐洲酒客來說，也許正是具有富饒感受的風味想像。

**張金豐 缺項**

1990. 11. 10

調酒年資
7

Red Lion

50mL Gordon's Gin
20mL Grand Marnier
20mL Lemon juice
10mL Simple syrup
15mL Orange Juice
Garnish: Orange peel
Glass: Martini
Method: Shake

Red Lion 是 1933 年 Arthur Tarling 贏得雞尾酒比賽的作品，酒的呈現跟名稱並沒有直接關聯，而是使用名爲 Booth's 的琴酒創作，其商標便是一隻紅獅子的圖案。這杯酒後來被收錄在 1937 年《Café Royal Cocktail Book》一書當中。

我喝到溫暖飽滿的 Red Lion，是由當時店裡年輕的女調酒師柔維所調製，實質上的酒譜設定，則是由具有多年調酒經驗、作爲老闆暨管理者的缺項操刀。

Booth's 是歷史悠久的琴酒品牌，但仍不敵時代遭到淘汰，於 2017 年停產，並轉將商標出售給 Sazerac 公司。所以缺項在酒譜的設定上，同樣選擇是 London Dry Gin 的 Gordon's 來調製，並尊重歷史，以原始的配方調製這款雞尾酒，柳橙則帶出溫柔的飽滿口感。

酒吧裡的藝想世界

**呂延坤 Asen**

1977. 06. 06

調酒年資
21

**Corpse Reviver #Savoy**

30mL Cognac
30mL White mint liqueur
30mL Fernet Branca
Glass: Martini
Method: Stir

三千 Atman Space 的 Asen，是雞尾酒吧 mini fusion 的初代目，如今高雄有許多知名酒吧主理人都出自 mini fusion，是早期高雄雞尾酒文化的開拓者。原本的三千成立於 2016 年，以書爲元素，2020 年搬遷至新址後，增加了畫作與書法的概念，店裡牆上的畫作都是由 Asen 親手創作。

店名三千取自佛經裡的三千世界，Asen 認爲，酒吧原本就提供了娛樂、放鬆的價值，他希望在這之外，能提供不同的空間體驗，從音樂、空間到藝術，客人也可以在酒吧看一本書、拿出電腦與紙筆進行創作，賦予酒吧空間不同的文化意涵。

三千供應有 The Savoy Cocktail Book 版本的 Corpse Reviver，使用等比例的白蘭地、薄荷利口酒與 Fernet Branca，乍看之下，是有點違反直覺的高甜度雞尾酒，實際喝過之後，會發現 Fernet Branca 的草本調性包覆了整杯酒，在苦甜之後緊接著是飽滿扎實的明亮口感。

\* 店裡角落有一書法桌，供客人可以在此揮毫。

**廖菖龍 安西教練**

1989.07.09

調酒年資
10

Japanese Slipper

45mL MIDORI
25mL Cointreau
20mL Lime juice & Lemon juice
Glass: Martini
Method: Shake

風吧隱身在新崛江商圈的巷弄之中,即使照著 Google 地圖前來,也很容易錯過這間值得職業酒客挖掘的酒吧。

這間看似平凡的小酒館,卻因菖龍有著對老酒執著的靈魂,給消費者不一樣的文化體驗。除了一系列舊版老威士忌外,還有上世紀流通的琴酒、香艾酒與利口酒等,這些老酒,記錄著時光流逝所帶來的改變,將美好滋味定格在好酒出廠的一瞬間。

Japanese Slipper 是一款 1984 年誕生在澳洲墨爾本的現代經典,由 Jean-Paul Bourguignon 所創作。這天我在風吧喝到的 Japanese Slipper,使用了舊版 Midori,相較於現行版本,有著更清晰的哈密瓜風味,是喝一杯少一杯的美味經典。

據菖龍所稱,Midori 的前身源自 Hermes 這個品牌,由三得利於 1978 年推出全新樣貌,也就是我們現在所熟知的 Midori。最早版本的 Midori 為透明寬瓶,甜度高、酒體顏色鮮綠,酒精度為 23%,到了 2007 年瓶身拉長,顏色略微變淡並降低酒精度為 20%,兩者風味跟現行霧面版本都有不小的差異。

屏東

屏東市因為靠近高雄，如果要飲酒，其實跑到高雄並不遠。不過仍有充滿堅持的年輕調酒師帶來精緻的雞尾酒吧，小而美的酒吧文化，值得酒吧旅人特地一訪。

而遠在屏東市一個半小時的車程外，仍是屬於屏東縣的恆春與墾丁，也有許多因觀光客而存在的休閒酒吧，尤其早期墾丁大街上的聚落，以及一些餐車式的流動酒吧攤位，都十分具有特色，並有逐漸發展成精緻雞尾酒文化的可能。

莊政諺 阿諺

1989. 12. 02

調酒年資
6

**Girls & Bees**

60mL Bombay Sapphire
infused with 台灣杉林溪梨山茶
15mL 恆春半島 蜂女孩玉荷包蜜
5mL Apple syrup
18mL Lime juice
Garnish: 將同品牌的羅氏鹽膚木
花粉壓碎並以蜂蜜沾黏於杯口，
再於杯中放入一朵花。
Glass: Martini
Method: Shake

30M bar 有個吸引人的店名由來，是潛水至 30 公尺深的海中時會產生氮醉，相當於喝了一杯馬丁尼的微醺。原本是潛水教練的阿諺，因為愛上南國的生態與生活氛圍，所以移居恆春，也為招待潛客，最終開設了酒吧並持續精進，以台灣在地食材入酒，將海洋保育與台灣物產之美，透過雞尾酒傳遞給消費者。

Girls & Bees 以經典調酒 Bee's Knees 為基礎改編，使用屏東滿洲自產的玉荷包蜂蜜，是兩位熱愛衝浪的女生特別用天然乾淨的方式養蜂生產，也是阿諺第一次品嚐就感到驚訝的台灣美味，於是決定將其用於雞尾酒中，以梨山烏龍茶平衡蜂蜜香甜的尾韻，蜜香與茶香交織出風味的交響曲。

老倉庫裡的別有洞天

**楊人翰 貳拾**

1994.07.27

調酒年資
11

Long Island Iced Tea

15mL Vodka
15mL Gin
15mL Rum
15mL Whisky
15mL Tequila
15mL Triple Sec
15mL Lime juice
15mL Orange juice
10mL Simple syrup
Coke on top
Garnish: Orange peel
Glass: Collins
Method: Shake

位於國境之南的恆春鎮外圍，有個廢棄倉庫改建的酒吧空間，在整理過的秘境廢墟當中，放滿許多網美會喜歡的打卡座席。雖然鈕扣倉庫屋需要一百元入場費，但可全額折抵內部店家的消費，優秀的酒水之外，也有幾攤美食可供享用。

帶著來南國旅遊的心態，正適合來上一杯 Long Island Iced Tea 長島冰茶，不需要浮誇裝飾，只要酒下的足夠，在露天空間裡夏夜晚風的吹拂下，充足的酒精將帶給旅客難忘的微醺夜。

有溫度的血腥瑪莉

吳玉庭 Neil

1993. 04. 15

調酒年資
7

Bloody Mary

40mL Vodka
20mL Spiced rum
10mL The Bitter Truth Golden
Falernum Liqueur
60mL Tomato juice
10mL Lemon juice
10mL Honey water
Garnish: Orange peel
Glass: Collins
Method: Blender

雖然未曾到訪過日本，但 Neil 希望提供具有溫度的服務，所以在入席時，會提供客人小食、熱湯與潔淨的熱毛巾，在服務細節上有被細心呵護的感受，在一樓僅有的吧檯座位區，溫暖體貼的互動，顯得格外貼心。

Neil 的 Bloody Mary 具有溫暖的感受，透過手持攪拌器注入飽滿的空氣感，雖然口感溫和，些微的辣度仍會在尾韻中逐漸展現出來，是一杯可以舒服飲用的血腥瑪莉。

有趣的小巧思是，Neil 希望帶給酒客更多體驗，所以在自製冰塊中加入了天空藍的色調，冰塊如同藍色海洋星球一般，漂浮在酒液中。猴飲也供應著特色下酒小食，是到屏東市不能錯過的雞尾酒吧。

*Neil 現已離職，目前於高雄的似水年華咖啡餐酒館 Le Souvenir 服務。

**王文駿 橘子**

1989.04.24

調酒年資
3

Mamie Taylor

45mL Glenfiddich 12yo
10mL Lemon juice
Fill up Ginger beer
Garnish: Lemon peel
Glass: Collins
Method: Build

調酒師橘子自述屏東過往都是以娛樂性質的 Lounge Bar 爲主，希望能把經典安靜的雞尾酒文化帶入屏東，所以跟兩位朋友，以英文名字字首縮寫 C.B.C 爲名，加上經典調酒爲主題，開設了酒吧。

Mamie Taylor 是 19 世紀末一家歌劇公司的首席演員，也是禁酒令前最受歡迎的蘇格蘭威士忌調酒之一。當時 Taylor 在一場遊艇活動上點了特調雞尾酒，要求酒感不要太重，像是紅酒加檸檬飲 (Claret Lemonade)，她拿到時，卻是一杯美味、看似香檳的氣泡酒，Taylor 很喜歡這杯酒，並要求加一片檸檬添加風味，自此這杯酒便以他爲名。

因爲堅持，橘子選用在 Mamie Taylor 的蘇格蘭威士忌是格蘭菲迪 12 年，除了自製大冰外，比例上也更貼近在地客人的需求，使用較高比例的威士忌，酒感較重，可以在買醉與放鬆之間達到平衡。

# 小鎮裡的療癒燈塔

**李勁弦 阿弦**

2000. 02. 27

調酒年資
1

**Brandy Alexander**

45mL St-Rèmy VSOP
30mL Giffard Crème de Cacao (white)
30mL Cream
Garnish: Cinnamon powder
Glass: Martini
Method: Shake

屏東潮州有許多經典在地美食，像是牛肉火鍋以及燒冷冰，除了美食之外，現在潮州也開始出現療癒人心的小酒館 Bar slowly 放慢步調。

當初阿弦因為幫忙家人工作而回到潮州家鄉，因為自身對調酒的興趣，加上家裡有個一樓空間可以發揮，因緣際會下就成立了這間酒吧，成為照亮小鎮夜生活的燈塔。

阿弦調製的 Brandy Alexander 使用了 St-Rèmy VSOP，搭配 Giffard 白可可利口酒，因為拉高了白蘭地的用量，所以整體的酒感及木質香氣顯得更為鮮明。

# 宜蘭

作為北部民眾進入東台灣渡假的第一站，宜蘭除了坐擁東部最多的人口，也擁有得天獨厚自然與人文的觀光資源，觀光與長住人口的數量，得以支撐精緻酒吧文化的發展。

然而雖然有完善的觀光資源所帶來的觀光人口，不過仍有許多遊客選擇以郊區民宿作為居住所選，另有部分以水上活動為主的旅客，所以雖然宜蘭觀光人口眾多，卻不能全數都反應在都會區的酒水消費上。

在地理區塊上，從北到南，分別為礁溪、宜蘭及羅東，各個城鎮都有數間酒吧，並持續進步著。雖然酒吧數量不少，客群數量仍有待提升，尤其部分酒吧過於仰賴觀光客，使得生意的穩定度波動大，不過宜蘭酒吧的多樣性，值得期待未來的展望。

## 挑高老屋的搖滾魂

在羅東火車站前走路一分鐘不到的地方，有一處挑高的老宅，裝潢頗具特色，放著跨時代的搖滾樂。Dream On 店名來自史密斯飛船的同名歌曲，其中 Dream until your dreams come true（就用力作夢吧，直到你的夢想成眞爲止。）是老闆想傳達給每一位到來客人的生活態度。

來到這裡的客人，都因爲調酒師的熱情而成爲常客，喝上好幾杯。調酒師的 Sazerac，在酒液中放入一大片柳橙皮，帶有沁人的橙香，溫和的口感，卽使回溫仍然是一杯值得細細品味的雞尾酒。

德台混血的果醬創調

江俐蓉 小花

1986. 10. 22

調酒年資
5

宜俊凱 阿吉

1992. 12. 20

調酒年資
4

還魂瑪格麗特

30mL 醬子 x That's Jam 自製的
還魂柳丁果醬（薑末柳橙口味）
45mL Silver Tequila
20mL Triple Sec
20mL Lime juice
Salt rimmed the half glass
Garnish: Half dried orange slice
Glass: Margarita
Method: Shake

在羅東夜市裡，有一家以果醬爲主題的雞尾酒吧，少少的位子，凝聚著阿吉與小花的親和力。帶著一張外國臉孔的台德混血阿吉，在德國遇見了台灣女孩，決定來到另一半的故鄉羅東，開始嶄新的生活。

阿吉的德國媽媽有著一手好廚藝，原本想來台灣開啟果醬事業，但最終由阿吉向媽媽學習製作德式果醬，並改良成適合雞尾酒的成熟口味。阿吉將家鄉味的果醬，結合 Margarita、Mojito 與 Moscow Mule 等經典雞尾酒，創造出獨樹一格的雞尾酒。

醬子的薑末柳橙 Margarita 帶有果醬中的柳橙果粒與薑末，果粒口感融合龍舌蘭的獨特調性，搭配半圈鹽口。以黑胡椒及木瓜調製而成的發騷啪啪亞，也是值得一嚐的美味，加上阿吉與小花的熱情招呼，若到訪羅東，不妨安排一站酒吧之旅。

* 醬子已結束營業，目前阿吉與小花前往恆春開設蓋亞村 GaiaVille。

温泉鄉裡的夜晚驛站

李曜宇 Eric

1999. 03. 23

調酒年資
4

Margarita

45mL Don Julio Blanco
15mL Cointreau
15mL Lime juice
Glass: Martini
Method: Shake

自從雪隧開通之後，宜蘭的觀光發展快速增長，礁溪作爲雪隧進入宜蘭的第一站，近兩年，酒吧逐漸發展起來，使得來到礁溪不只有溫泉，連夜生活也豐富起來。

Eric 的 Margarita 選用 Don Julio Blanco，帶有飽滿口感與胡椒辛香料調性，鹽口則貼心地僅抹上三分之二圈，像極一輪彎月，讓酒客可以選擇是否搭配鹽口來飲用。

Eric 說，酒單上會選用好的基酒，是想讓這地區沒有什麼喝酒經驗的人認識更好的風味，也讓來礁溪的旅客品嚐高端烈酒調製的美味雞尾酒，但又不用像大城市那樣有負擔，所以即使在基酒上下了重本，仍可以用平實的價格品嚐到。

用笑聲與美酒解憂

張智杰 Vincent

1992. 11. 10

調酒年資
3

**Peace Tonight**

60mL Gin
30mL Earl grey tea syrup
30mL Lime juice
30mL Raspberry liqueur
40mL Cream
60mL Guava water
Garnish: Shiso leaves &
Orange peel
Glass: Rock
Method: Milk wash & Stir

店名解憂，出自短歌行中的「何以解憂？唯有杜康。」以提供美味的雞尾酒，供來往東台灣的旅客，一個可以放鬆身心的酒吧驛站。分別來自台北、新北及花蓮的 Kimi、Vincent 及 Naomi，當初相中礁溪的觀光潛力，決定來到陌生的城市，一起開展共同的酒吧夢。

有餐飲經驗的 Kimi，將好手藝帶到解憂，讓礁溪深夜有一站休憩處。而調酒則交由 Vincent，透過自己的摸索，研發出各式創意雞尾酒。Vincent 最自豪的，就是在礁溪有解憂一站，可以讓來往旅者認識新朋友嬉戲打鬧的地方，在這裡留下愉快的回憶。

**陳瑞翔 Ryan**

1989.08.08

調酒年資
4

Rusty Nail

60mL Talisker 10yo
12mL Drambuie
Glass: Rock
Method: Stir

作爲東台灣第一家專業的威士忌酒吧，威佬有超過四百款的威士忌收藏可供點用，也提供許多以蘇格蘭威士忌爲基底的雞尾酒，並巧妙表現出每一款不同威士忌的特色。

Ryan 的 Rusty Nail 使用 Talisker 10 年，搭配舊版 Drambiue，爲了凸顯威士忌的特色，甜度稍稍降低，煙燻的調性與蜂蜜感十分協調，尤其杯中的手鑿球冰，讓體驗更上一級。

另外值得嘗試的還有 Ryan 太太各式手作甜點與下酒餐點，尤其肚子餓時，來上一碗威佬滷肉飯，流心的溏心蛋搭配滷上色的手切肉燥，馬上又能多喝兩杯。

花蓮

受惠於國內觀光的蓬勃發展，花蓮的雞尾酒在近年有很大的發展。主要的酒吧集中在市區，在步行可及的範圍內就有數家頗具水平的雞尾酒吧，也有以葡萄酒及精釀啤酒爲號召的各式主題酒吧。

另外在觀光人口的助長之下，即使遠離市區的七星潭及吉安，也有相當水準的酒吧。部分民宿與咖啡店也會附帶經營酒水生意，一些中大型飯店附設有大堂酒吧，不過多數在精緻度與消費體驗上仍有進步提升空間。

最靠近太平洋的酒吧

**周于舜 Willy**

1992. 04. 13

調酒年資
11

**Between the Sheets**

35mL Boulard Calvados
25mL Zacapa 23
20mL Cointreau
17mL Lime juice
Glass: Martini
Method: Shake

位在七星潭的牧羊人酒吧，是最靠近太平洋的雞尾酒吧，在聽得到海潮聲的露天空間裡，品味美食及雞尾酒，雖然離花蓮市區較遠，卻吸引酒客特別聞香而來，常常是一位難求。

Willy 自豪的拿手之作是 Between the Sheets，最早會接觸到這杯酒是因為到台北喝酒考察，喝到當時 MOD 的 Hugo 所調製的版本，就喜歡上這杯酒。回到工作的場域，在當時，花蓮並沒有這麼多酒款好挑選，透過摸索店裡的材料調製出自己最喜歡的版本，便一直保留酒譜調製至今。也曾因為太愛這杯酒，整整一個晚上只調製這款雞尾酒給客人。

使用諾曼第蘋果白蘭地取代干邑，並使用萊姆取代黃檸檬，Willy 認為這樣雖減少了一點木質調性，卻能帶出更多果香，整體上來說比較輕盈的口感，也更能凸顯出陳年蘭姆酒在這杯酒中所扮演的角色。

出自同一酒廠的思鄉味

**吳昀徽 小威廉**

1985.09.15

調酒年資
4

Super Highball

45mL 調和威士忌
10mL 上述調和威士忌中的單一
麥芽基酒
Soda on top
Glass: Highball
Method: Build

隱藏起司專賣店後的威士忌酒吧，也是花蓮第一間以秘密酒吧形式開設的調酒與威士忌吧。在台北從事酒商工作的小威廉，固定在每個週末返回花蓮陪伴家人，經營著這個溫馨的小空間。平日店址則由太太打理，經營著起司專賣店與喫茶店。

據小威廉所稱，Super Highball 這杯雞尾酒是 Bar 小谷的小谷先生向他分享的，也是現在在日本流傳的 Highball 喝法之一，將同一酒廠的威士忌，結合 Highball 與 Whisky Float 的喝法，調製出具酒廠特色的 Highball。

Super Highball 是指以酒廠的調和威士忌調製 Highball，並於液面漂浮上同酒廠的單一麥芽威士忌，第一口可以喝到濃烈純粹的單一麥芽威士忌，接著慢慢品味 Highball 所帶來的悠閒時光，是重度威士忌酒客值得嘗試的新喝法。

# 迎來心中的平和島嶼

**魏廷安 小魏**

1992. 01. 20

調酒年資
11

## Planter's Punch

30mL Light rum
30mL Dark rum
15mL Orange curaçao
30mL Pineapple juice
30mL Orange juice
20mL Lime juice
10mL Simple syrup
2 drops Angostura Bitters
2 tsp Grenadine
1 drop Saturated salt solution
Garnish: Dried pineapple slice &
Mint leaves
Glass: Rock
Method: Shake

因為大學到花蓮念書，小魏開啟了在此超過十年的調酒歷練，進而落地生根開設了和嶼。有著一顆浪漫心的小魏，認為每個人內心都有一座獨特的島嶼，而作為調酒師要做的，就是透過一杯雞尾酒，帶著來到花蓮美麗山海之間的旅客，找到那座平靜的島嶼。

對我來說，和嶼就是寧靜花蓮夜晚裡的一座島，每個登島的人，都會在此找到寄託。小魏與賓客的真心互動，讓人很容易融入這裡的環境，這也是為什麼客人總是指定要坐吧檯前的座位，使得吧檯一位難求。

Planter's Punch 最早出現在 20 世紀初的報紙，以兩種蘭姆酒作為基礎，加上大量的水果風味與苦精，整體結構與現代 Tiki 調酒相似。口感上得益於台灣優秀的水果品質，飽滿果香與蘭姆酒交織出濃濃的熱帶風情，消暑宜人，相當適合到訪花蓮時的偷閒夜晚裡來上一杯。

台東

整體而言，近年東台灣的經濟發展雖受惠於觀光，卻因爲偏向自然景觀的觀光性質及住宿區塊的分散，使得台東雖有可觀的觀光收入，雞尾酒吧受益仍有限。隨著調酒師社群的凝聚，市區的精緻飲酒文化發展正在起步，也有調酒師經營著具有溫度的酒吧空間。

也因爲如此，有些鄰海濱、聚落不大的郊區，以貨櫃屋或簡單的室內空間搭建的吧台，用充滿人情味的輕鬆酒吧空間，與旅客來個一期一會的相遇，也是另一種風情。在池上、成功與長濱等地，雖人口有限，但仍有溫馨親人的小酒館。

原民主題雞尾酒吧

**林威君 Jim**

1992. 12. 11

調酒年資
6

Mai Tai

45mL Ron Barceló Blanco
15mL Sailor Jerry Spiced Rum
15mL Cointreau
15mL Monin orgeat syrup
3 dashes Angostura Orange
Bitters
20mL Fresh lemon juice
30mL Fresh orange juice
45mL Fresh pineapple juice
Garnish: Pineapple leaves &
Pineapple slice
Glass: Tiki glass
Method: Shake

寶桑吧位在台東鐵道藝術村旁，挑高寬敞的空間，搭配鹹香涮嘴的下酒小點，適合旅客到台東旅遊作為夜晚休憩的一站。翻開寶桑吧的酒單，第一頁是以各族原住民族語所命名的創意雞尾酒，接著是各式的經典調酒，店裡的調酒師 Jim 跟 CJ 都是值得信賴的調酒師。

我在寶桑吧的夜晚，店裡的音樂放著圖騰、陳建男與 Matzka 等東台灣知名歌手的音樂，讓人整個沈浸在東台灣的悠閒氛圍當中。週末，這裡也會有現場的音樂表演。

Jim 的 Mai Tai 使用兩種蘭姆酒搭配，增添風味的複雜度，並以 Tiki 杯盛裝，妝點上鳳梨果乾與果葉，作為早期風格的 Tiki 調酒，Jim 的 Mai Tai 可以說是相當易飲，是入門 Tiki 雞尾酒的好選項。

*Jim 現已離職，目前於新竹的不染擔任調酒師。

面海背山的古樸老宅

趙凱葦 Nick

1989.03.18

調酒年資
9

Margarita

60mL Pueblo Viejo Añejo
Tequila
15mL Cointreau
20mL Fresh lemon juice
10mL Syrup
Garnish: Salt rimmed the glass
& Dried lemon
Glass: Margarita
Method: Shake

從台東出發，旅經都蘭村的不遠處，一座古樸老
宅以寧靜的姿態，佇立在花東海岸公路旁。圍繞
在屋內的木造架構上，以植栽妝點暖色調的空間，
悠閒慵懶的氛圍，讓旅人得以享受遠離塵囂的放
鬆時刻。

這座遠離塵囂的酒館已經邁入第六個年頭，店名
不染，是想給踏入酒吧的人拋開一切煩惱，有著
不染凡塵、怡然自得的感受。

調酒師 Nick 的 Margarita 選用 Añejo 級的陳年
龍舌蘭，補了少量糖水，搭配整圈的鹽口，讓酒
體感受平和且溫潤；Mojito 則用了自家庭院栽種
的薄荷調製，在露天的植栽空間裡，伴著店裡來
回穿梭的放養浪貓，享受夏日假期的悠閒。

Gary Regan
1951-2019

# 離島

金門有離島最多的設籍人口，並有駐軍，及高粱酒廠資源。然而觀光資源以戰地為主，觀光客的年齡層偏高、年輕人外移嚴重與駐軍持續減少，使得在金門經營專業雞尾酒吧並不容易，但夢酒館的成功，證明了只要有心，什麼都可以發生。

澎湖的住宿資源則分散在整個島嶼四處，不過整體觀光資源充足，僅馬公市區就有十六間以上的酒吧，也有不少店家供應雞尾酒，有足夠的消費人口基數，相信假以時日，會有更精緻的酒吧誕生。

蘭嶼、綠島與小琉球則是近年最流行的水上運動聖地，水上運動的消費投入並不低，使得登島的旅客有足夠的消費力在酒水上，這一兩年開始有更多台灣本島的調酒師前往開店，飲酒的質與量都在持續提升中。

總括整體的離島酒吧產業，優勢當然是國內觀光的提升，帶動的不僅是觀光人口增加帶來的消費力，還有產業紅利吸引年輕人返鄉創業，但隱憂是淡旺季落差明顯，以及疫情解封之後是否會讓觀光人口往外國移動，但如果離島能有穩定的人潮，相信也能經營出具有獨特魅力的酒吧。

戰線上的最後一語

李柏緯 PW

1993. 03. 27

調酒年資
10

Kinmen Calling

25mL 58° 高粱
5mL Rodnik's 85 Strong
Absinthe
15mL Chartreuse Verte
10mL Luxardo Maraschino
10mL Lime juice
2 drops Angostura Bitters
Garnish: Lemon peel
Glass: Martini
Method: Shake

在大學畢業以前，柏緯便計畫回家鄉金門開設專業雞尾酒吧，並帶著在台灣超過五年的調酒師經驗，返鄉圓夢。

這杯以高粱及艾碧斯改編的 Last Word，乍聽之下似乎讓人未喝先頭疼，在原本已經使用三種 40% 酒精度以上酒材的基礎上，升級爲金門高粱與 85% 的艾碧斯，然而巧妙的比例，讓入口感十分輕鬆。連同 Fourplay Allen 的 Ice Boat，是我推薦兩款入門認識金門高粱美味的雞尾酒款。

現在夢酒館不止是金門最專業的雞尾酒吧，也積極邀請台灣調酒師前往當地交流客座，將金門之美推廣出去。

島嶼上的流浪歸屬

Lüdao Old Fashioned

50mL 綠島鮪魚醬威士忌
1 dash Angostura Bitters
1 Cube sugar
Garnish: Biscuit applied
綠島鮪魚醬
Glass: Rock
Method: Build

林惠英 大牛

**綠島鮪魚醬威士忌**

1985.05.12

250mL 綠島鮪魚醬
700mL Bourbon whiskey
Method: 以綠島鮪魚醬油洗威士
忌後,以 70°C 加熱 30 分鐘,冷
凍一晚,以濾紙過濾即完成。

調酒年資
13

在經歷了忙碌的都市生活後,大牛的人生清單裡
有一項是在海邊過日子,但是要在離島找到合適
的調酒師工作並不容易,於是遂起心動念,作起
了創業夢。

經歷了 Trio 安和與 Fourplay 十幾年的歷練,大
牛擁有對創意調酒扎實的功力,他是那種讓人坐
在吧檯前面,會很安心交由他打點一整夜所有雞
尾酒的調酒師。

大牛的 Lüdao Old Fashioned 以綠島特產鮪魚
醬出發,這裡居民大多依海為生,最常見的漁獲
便是黃鰭鮪魚,從生魚片到魚粽,島上處處都能
見到黃鰭鮪魚的身影,由於大量漁貨囤積,因此
衍生出能夠長期保存的鮪魚醬罐頭。於是大牛結
合自身專業與具綠島特色的鮪魚醬,創造出有
綠島味的 Old Fashioned,有如 Benton's Old
Fashioned 的台味改良版。

"Make one guest happier when he or she leaves your bar than they were when they walked in,
and you've changed the world."

——Gary Regan "Letter to a Young Bartender"

# 後話

過去十年，台灣乃至於東亞地區，調酒文化進入快速發展的階段，各式各樣的手法與創意融入現代雞尾酒中。然而，調酒師除了揮灑創意，也要考慮到不同客群的需求，有喜歡嚐鮮的消費者，也有一群熱愛經典的老派酒客。

身爲調酒師，我遇過在每間酒吧都點同一款經典調酒的客人，也遇過逡巡各處酒館、只爲尋覓一杯美味經典的酒饕，《老派雞尾酒指南》正是爲此而生。

經典之所以美味，除了風味上的歷久彌新，也在於其可複製性下的獨一無二，同款雞尾酒在不同調酒師手中，展現出不一樣的面貌。細品其中的獨到之處，感受調酒師付諸的情感與用心，是老派浪漫之實踐。

當你跟隨《老派雞尾酒指南》，探尋書中的雞尾酒與店家，也許某一天在某間酒吧裡，追逐老派經典的我們，會在杯觥交錯間相遇。

僅將此書獻給每一個鍾愛經典的老靈魂，以及堅守崗位努力不懈的調酒師。敬老派，敬每一杯全心全意調製下誕生的雞尾酒。

*Tonic Liu*

作者｜劉奎麟 Tonic Liu
國立臺灣大學經濟學系畢業。到訪全球逾 60 間威士忌酒廠、日本逾 200 間酒吧，2019 年至 LAMP BAR 研修。著有《日本雞尾酒：渡邉匠與金子道人的創作哲思》一書、譯有《看一眼、搖兩下，三步驟調出 100 款熱門雞尾酒》一書。

插畫｜郭聲語 Kufo Kuo
國立臺北藝術大學新媒體藝術學系畢業。插畫、實驗動畫、陶藝多重興趣的自由創作藝術家。

美術設計｜姜靜綺 Jessy Chiang
國立臺北藝術大學新媒體藝術學系畢業。文字、設計雙棲自由工作者。2020 年 Tanqueray Runway 調酒比賽決選。著有《日本雞尾酒：渡邉匠與金子道人的創作哲思》一書。

國家圖書館出版品預行編目 (CIP) 資料

老派雞尾酒指南 = The guide to classic cocktails / 劉奎麟作 .

-- 初版 . -- 臺北市 : 貳五有限公司 , 民 112.11

304 面 ； 17×23 公分

ISBN 978-626-95385-1-5( 平裝 )

1.CST: 調酒

427.43                                    112016695

老派雞尾酒指南

作者｜劉奎麟

插畫｜郭謦語

美術設計｜姜靜綺

文字編輯｜伍書源、伍騫念

總編輯｜劉奎麟

執行編輯｜姜靜綺

出版者｜貳五有限公司

　地址｜台北市士林區承德路四段 9 巷 18 號一樓

　電子信箱｜tonicliu88@gmail.com

製版印刷｜國碩印前科技股份有限公司

代理經銷｜白象文化事業有限公司

　地址｜ 401 台中市東區和平街 228 巷 44 號

　電話｜ 04-22208589

出版日期｜中華民國 112 年 11 月

版次｜初版一刷

價格｜新台幣 580 元

ISBN ｜ 978-626-95385-1-5